1

경관이란?

집필자 : 주신하

1

경관이란?

집필자 : 주신하

경관담당자를 위한
경관정책 및 관리과정 교육자료

국토교통부
(사)한국경관학회

경관이란?

1. 경관의 개념

景觀

사전적 의미

- 산이나 들, 강, 바다 따위의 자연이나 지역의 풍경. '경치(景致)', '아름다운 경치'로 순화.
  "경관이 빼어나다, 설악산의 주변 경관이 수려하다"

- <지리> 기후, 지형, 토양 따위의 자연적 요소에 대하여 인간의 활동이 작용하여 만들어 낸 지역의 통일된 특성. 자연경관과 문화경관으로 구분한다.

- <경관법> 자연, 인공 요소 및 주민의 생활상(生活相) 등으로 이루어진 일단(一團)의 지역환경적 특징을 나타내는 것

경관이란?

1. 경관의 개념

景 ← 觀

바라보는 대상
자연, 도시, 농촌

바라보는 주체
인간

경관이란?

2. 경관분석 접근방법

정신물리학적 경관분석

$$P = a + b_1X_1 + b_2X_2 + \ldots + b_kX_k$$

- 정신물리학적 접근은 경관의 물리적 속성으로부터 오는 자극과 이에 대한 감지 혹은 반응 사이의 직접적인 관계성을 계량적인 방법을 통해서 수립하고자 하는 노력이라고 할 수 있다.
- 식생지역의 면적, 비례 등과 같은 경관의 물리적인 속성과 경관선호와의 관계를 통계적인 방법을 통해서 모형화 하려는 노력이 주류를 이루었다.

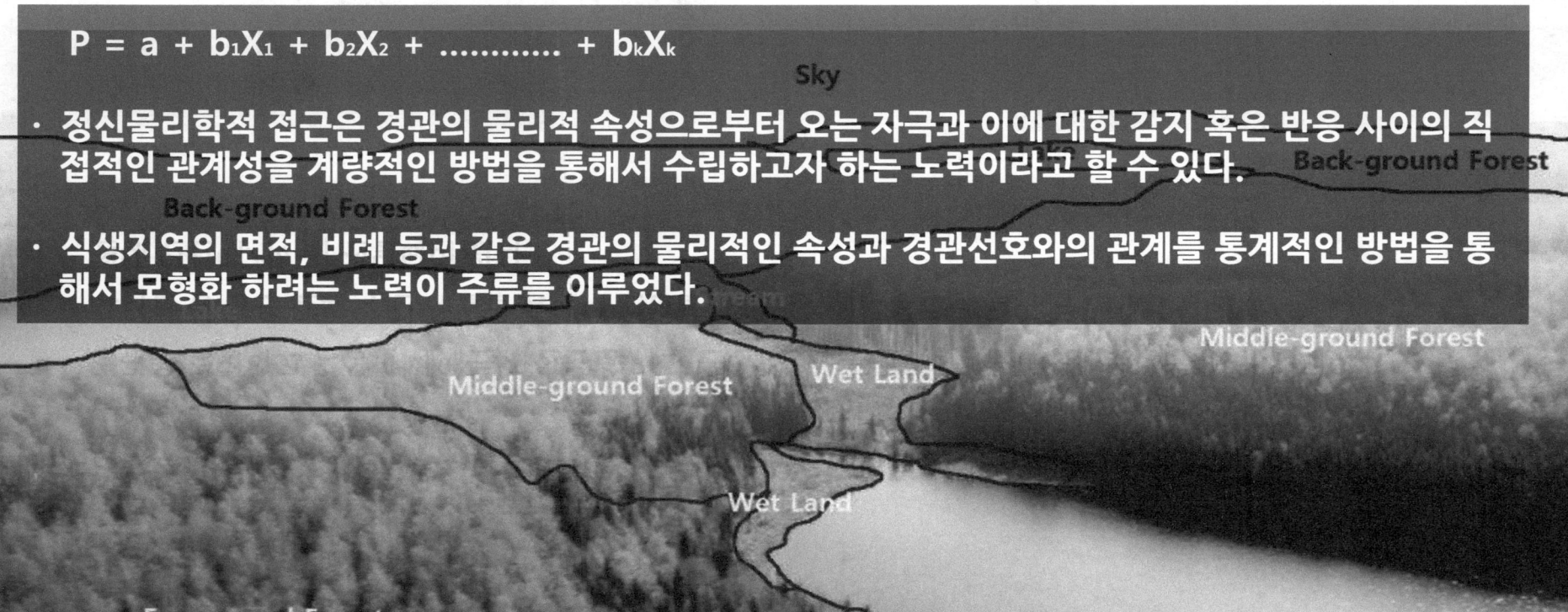

경관이란?

2. 경관분석 접근방법

▌조망-은신 이론 (Prospect-Refuge Theory, by J. Appleton)

- 경관을 경험하고 감상할 때에는 자신은 숨기고(은신) 경관을 관조하려는(조망) 입장을 취하게 되며, 그러한 상황은 진화의 긴 세월을 통해서 인간들에게 반복적으로 선호되어 유전자의 형태로 현대 인간에게까지 전달되어 왔다.

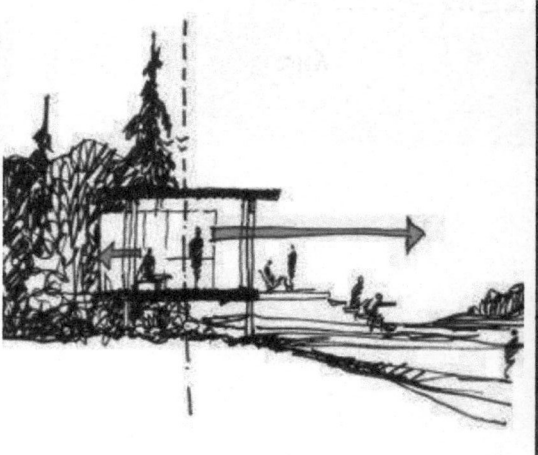

경관이란?

2. 경관분석 접근방법

문화학습이론적 경관분석

경관이란?

3. 경관의 해석

정신물리학적 요인
: 면적, 비율, 길이 등

인지적 요인
: 자연성, 복잡성, 위요감 등

문화학습적 요인
: 역사적 가치, 장소적 의미 등

2

경관법 이해

경관법의 이해

1. 경관법의 성격

▎지원위주의 법

　지역주민이 스스로 정주환경을 개선하고 가꾸어 나가기 위한 지원을 위한 법

　지자체에 대한 기술적, 행정적, 재정적 지원의 토대를 마련한 법

▎유연성이 있는 법

　강제적 계획이 아니라 선택적이며 중첩적인 계획

　기본계획과 특정목적의 경관계획으로 구분하여 적절하게 활용이 가능

▎주민참여를 유도

　경관협정을 통하여 주민들이 자발적으로 참여 가능

　경관협정 운영회를 통한 주민참여 및 사후관리

경관법의 이해

2. 경관법 제정 및 개정과정

2007.5. ● **경관법 제정**
경관관리의 기본원칙, 경관계획, 경관사업, 경관협정, 경관위원회 등

2007.11. ● **경관법 시행령 제정**
경관계획 수립절차, 경관협정운영회 및 경관위원회의 구성 및 운영 등, 경관사업, 경관협정, 경관위원회 등

2007.12. ● **경관계획수립지침 제정** `기본경관계획/특정경관계획`
경관계획의 지위 및 성격, 내용과 작성원칙, 수립절차, 기본경관계획, 특정경관계획, 실행계획 등

2012.12 ● **경관계획수립지침 전부 개정** `도경관계획/시군경관계획 + 특정경관계획`

2013.8. ● **경관법 전부개정** `경관계획 의무화, 경관심의 도입`
규제심사('12.8), 국무회의('12.10), 국회제출('12.10), 국회통과('13.6.25), 공포('13.8.6)

2014.2. ● **경관법 시행령 전부 개정**
입법예고('13.9), 규제심사('13.11), 국무회의('14.1), 공포('14.2.5)

2014.11. ● **경관계획수립지침 일부 개정**

경관법의 이해

3. 경관법의 구성 및 주요내용

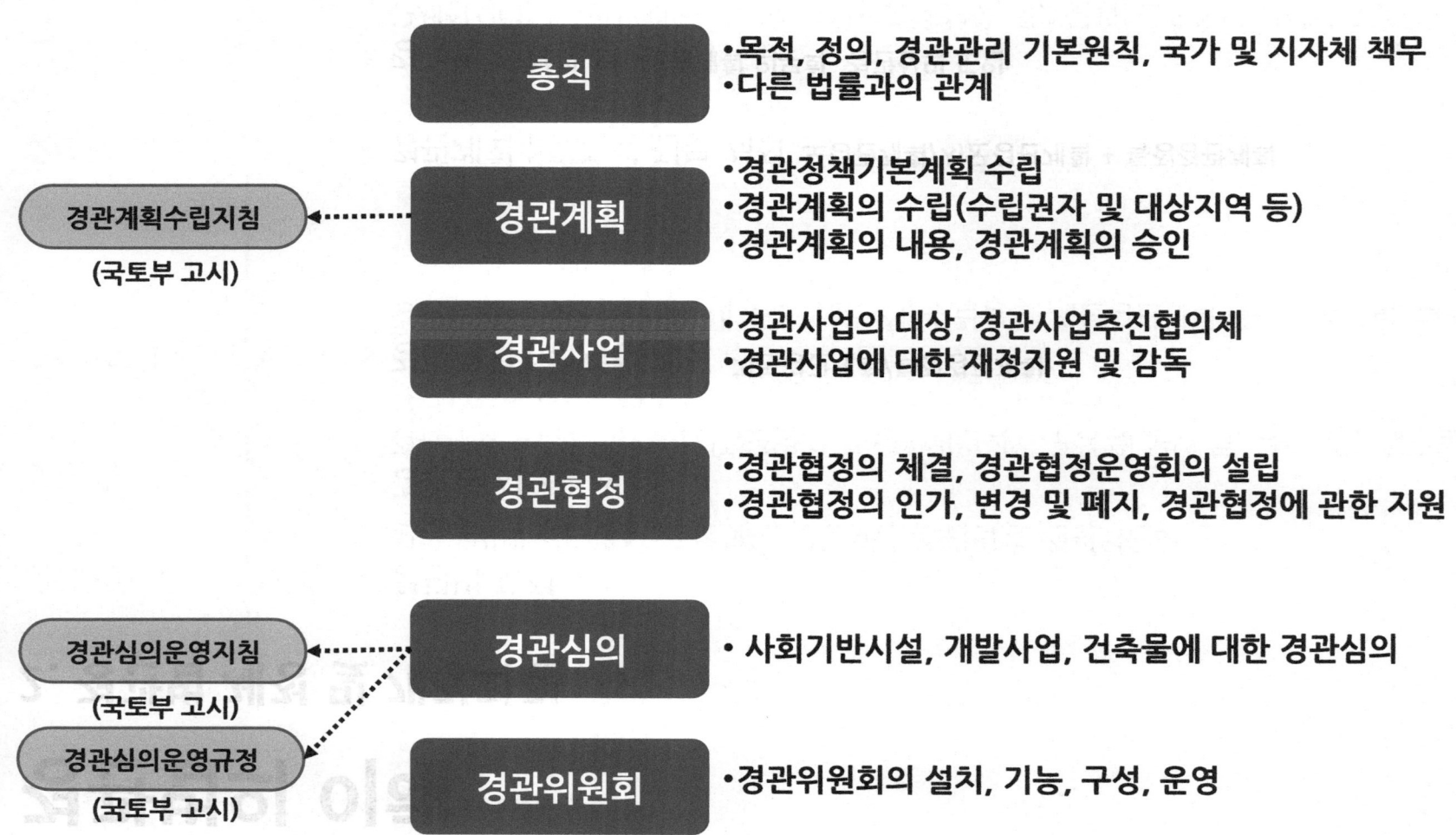

경관법의 이해

4. 경관정책기본계획의 신설

■ 신설 취지 및 기대효과

- 쾌적하고 양호한 경관을 형성하고 우수경관자원의 발굴·육성
- 국토교통부장관이 5년마다 경관정책기본계획을 수립 (2015. 7. 30 1차계획 수립)
  ⇒ 중앙정부의 우수경관 창출을 위한 유도·지원 역할 강화

<경관정책기본계획 주요 내용>
1. 국토경관의 현황 및 여건변화 전망에 관한 사항
2. 경관정책의 기본목표 및 바람직한 국토경관의 미래상 정립에 관한 사항
3. 국토경관의 품격 향상을 위한 종합적·체계적 관리에 관한 사항
4. 사회기반시설의 통합적 경관관리에 관한 사항
5. 우수경관자원의 보전 및 지원에 관한 사항
6. 경관분야 전문 인력의 육성 및 주민협력에 관한 사항
7. 중앙정부 차원의 경관사업 도출 및 관리·운영에 관한 사항 등

경관법의 이해

5. 경관계획 내실화

▌경관계획 의무대상 확대

- 시·도지사 및 인구 10만 초과 시장·군수의 경관계획 수립을 의무화하여 지역의 체계적 경관관리 도모
- 경관계획 수립 의무 지자체는 특광역시·도 17개와 시·군 67개 등 총 84개(2015년 인구기준)

▌경관계획 수립권자 확대

- 특·광역시의 자치구·군, 경제자유구역청 등도 필요시 경관계획을 수립할 수 있도록 수립권자 확대
- 지역별 특색을 반영한 경관계획 수립을 위해 법에서 경관계획 수립권자가 기존의 시·도지사, 시장·군수에서 구청장, 행정시장, 경제자유구역청장으로 확대

〈경관법상 지자체의 정의〉
1. 시·도지사(제6조제5항) : 특별시장, 광역시장, 특별자치시장, 도지사, 특별자치도지사
2. 시장·군수(제6조제5항) : 행정시장(제주시, 서귀포시) 및 광역시의 군수는 제외
3. 구청장등(제6조제5항) : 구청장(자치구청장을 말함) 및 광역시의 군수
4. 시·도지사등(제9조제3항) : 1 + 2 + 3 + 행정시장 + 경제자유구역청장

경관법의 이해

6. 경관계획의 종류

▎도경관계획 vs 시군경관계획 + 특정경관계획

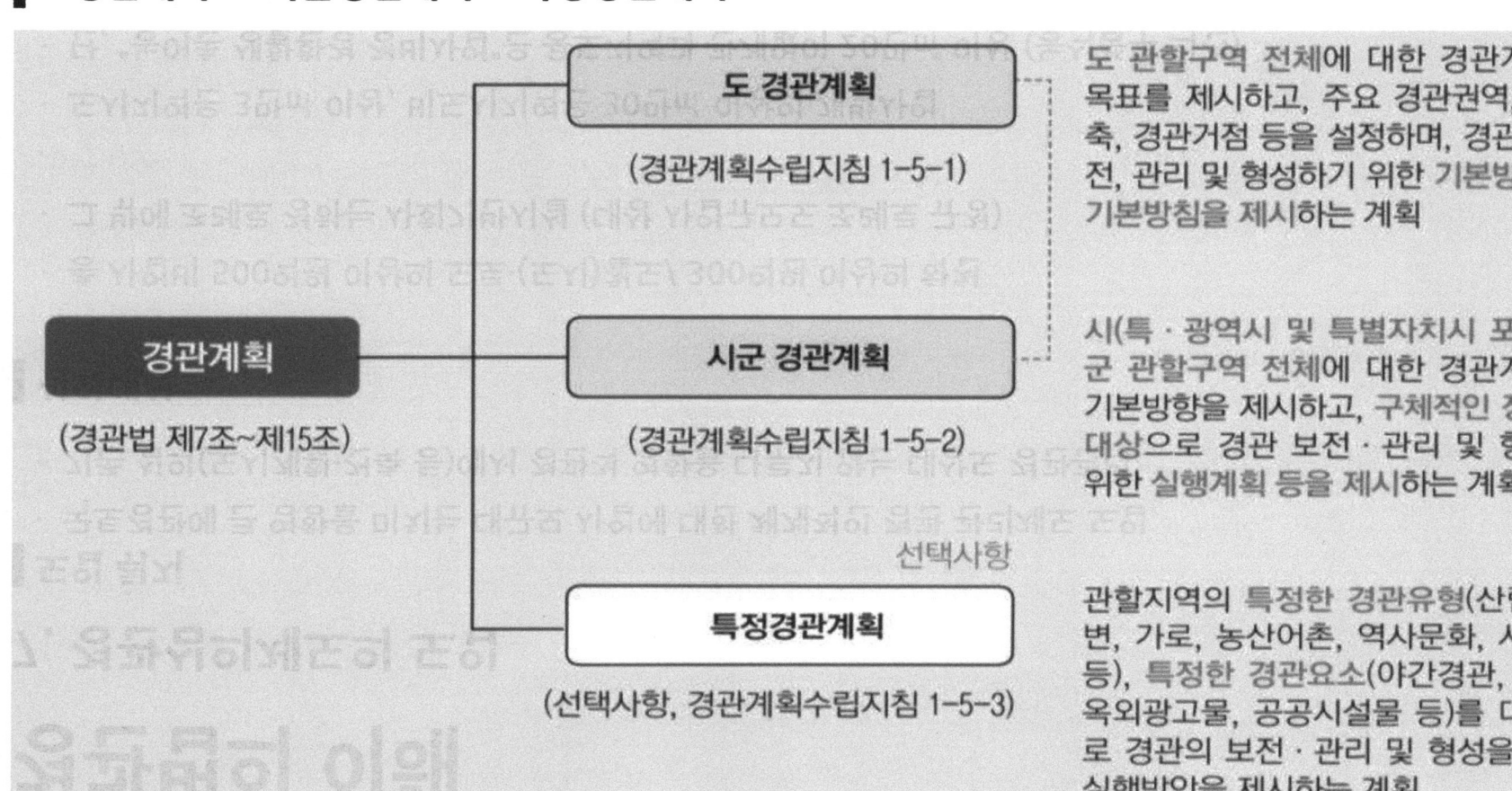

경관법의 이해

7. 경관심의제도의 도입

도입 취지
- 국토경관에 큰 영향을 미치는 대규모 사업에 대한 체계적인 경관 관리제도 도입
- 기존 심의(도시계획·건축 등)에서 경관적 영향을 다루지 않는 대상도 경관관리

심의대상

사회기반시설(SOC)
- 총 사업비 500억원 이상의 도로·(도시)철도/ 300억원 이상의 하천
- 그 밖에 조례로 정하는 사회기반시설 (대상 사업규모도 조례로 규정)

개발사업
- 도시지역은 3만㎡ 이상, 비도시지역은 30만㎡ 이상의 개발사업
- 단, "농어촌 생활환경 정비사업"은 용도지역과 관계없이 20만㎡ 이상 (농식품부 의견)

건축물
- 경관지구의 건축물(조례로 정하는 건축물은 제외)
- 중점경관관리구역의 건축물로서 조례로 정하는 건축물
- 공공건축물(지자체, 공공기관, 지방공기업)로서 조례로 정하는 건축물
- 그 밖에 경관관리를 위해 필요한 건축물로서 조례로 정하는 건축물

3

경관정책기본계획

경관정책기본계획

1. 계획 수립의 배경

국가차원의 체계적인 경관 보전·관리 및 형성의 필요성 대두

2007년 경관법 제정으로 지자체 경관관리 기반마련

2013년 경관법 전면개정으로 국가 차원의 경관정책기본계획 수립기반 마련

〈 계획수립의 법적근거 〉

경관법 제6조(경관정책기본계획의 수립 등)

① 국토교통부장관은 아름답고 쾌적한 국토경관을 형성하고 우수한 경관을 발굴하여 지원·육성하기 위하여 경관정책기본계획을 5년마다 수립·시행하여야 한다.

경관정책기본계획

2. 계획의 의의 및 성격

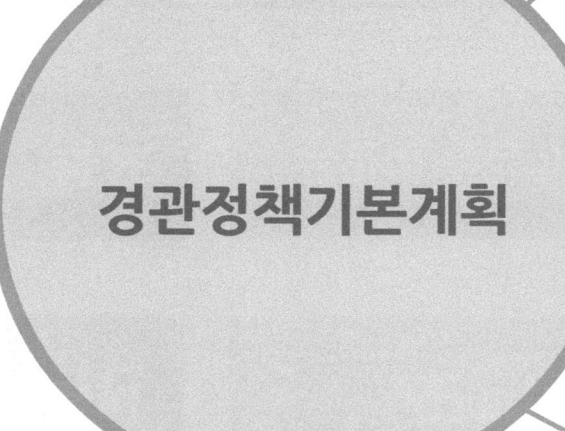

국가계획

경관정책에 대한 **종합적 계획**으로서, 우수한 국토경관 형성 및 지속적인 관리에 대한 **기본방향과 전략을 제시하는 국가계획**

중기전략 + 실천계획

5개년 단위의 계획으로 **경관정책의 중기 전략을 수립**하고, 구체적인 집행방안을 제시하는 **실천계획**

협력계획

국토 전역의 경관에 대한 종합적 계획으로 경관 관련 정책을 수립하는 **중앙 및 지방 정부와 민간 등 다양한 분야간 협력**을 바탕으로 하는 협력계획

경관정책기본계획

3. 제1차 경관정책기본계획 비전 및 목표

비전	국민과 함께 만드는 100년의 국토경관
목표	국민이 공감하는 경관가치 정립 / 지속가능한 국토경관 형성체계 정립
추진전략	경관가치 인식확산 / 경관관리 역량강화 / 경관행정 기반구축
정책과제	1. 국토경관 미래상 설정 2. 국민참여 활성화 3. 선도모델 개발 4. 기초연구 및 기술개발 5. 전문인력 양성 6. 경관 행정시스템 정비 7. 경관관리제도 개선 8. 경관관리 지원강화

비전 실현을 위한 2개 목표, 3개 추진전략, 8개 정책과제 도출

경관정책기본계획

4. 단계별 시행계획

―― (중점추진과제)　━━ 실천과제

중장기 추진계획			제1차 경관정책기본계획 (기반구축 및 정착)					제2차 경관정책기본계획 (내실화 및 활성화)			
단계별 시행계획			단기			중기			장기		
			2015	2016	2017	2018	2019	2020	2021	2022	2023	2024
Ⅰ. 인식 확산	1. 국토경관 미래상 설정	1-1. 국토경관에 대한 국민공감대 형성				(국토경관 헌장 수립)						
		1-2. 국토경관자원 발굴 및 홍보				(한국 대표경관 선정·홍보)						
	2. 국민참여 활성화	2-1. 국토경관 인식 저변확대										
		2-2. 국민참여 경관활동 다양화			(마을경관 가꾸기 운동)							
	3. 선도모델 개발	3-1. 국가경관 개선사업 추진			(국가상징 경관사업 추진)							
		3-2. 지역경관 개선사업 지원										
Ⅱ. 역량 강화	4. 기초연구 및 기술개발	4-1. 기초연구 발굴 및 추진										
		4-2. 경관관련 기술개발			(경관개선을 위한 R&D)							
	5. 전문인력 양성	5-1. 경관관련 분야 전문성 제고										
		5-2. 전문인력 관리 및 활용체계 마련										
Ⅲ. 기반 구축	6. 경관 행정 시스템 정비	6-1. 경관행정업무 체계 개선			(업무 통합·조정 및 협업시스템 구축)							
		6-2. 경관행정 지원 강화										
	7. 경관관리 제도 개선	7-1. 경관관리 시스템 강화			(관련법 연계방안 마련)							
		7-2. 경관심의제도 정착			(경관심의 내실화 방안 마련)							
	8. 경관관리 지원방안 마련	8-1. 인센티브 제도 발굴 및 시행										
		8-2. 특별회계 도입 및 기금 설치 검토										

4

경관계획

집필자 : 주신하. 위재송

경관계획 개요

1. 경관계획 수립주체

▍경관계획 수립주체

- 시·도지사나 시장·군수가 수립하는 것이 원칙
- 의무수립대상 : 특광역시와 도, 그리고 인구 10만명을 초과하는 시와 군
  (단, 제주특별자치도의 제주시와 서귀포시는 인구가 10만을 초과하지만 행정시로 분류되어 경관계획의 의무수립 대상은 아님)

▍경관계획 임의수립

- 인구 10만 이하의 시·군, 행정시, 경제자유구역 등은 의무사항은 아니지만 희망하는 경우에 경관계획을 수립할 수 있도록 규정되어 있음(경관법 제7조 제2항 참고)
- 경관계획 수립권자를 기존의 시·도지사, 시장·군수에서 구청장, 행정시장, 경제자유구역청장 등으로 확대 (경관계획 수립의지가 있는 지자체 배려)

경관계획 개요

2. 경관계획 수립현황

▌경관법 전부개정 시행(2014.02.17.) 이후 경관계획수립 현황

- '인구10만을 초과'하는 의무수립대상인 84개 지자체 중에서 **경관계획을 수립하고 있는 곳은 총 40개**로 약 47.6%의 시행률을 보이고 있음
  - 도(특·광역시) 경관계획은 17곳 중 8곳(약 47%), 시군 경관계획은 67곳 중 30곳(약 45%)이 시행
  - 군,구,행정시 등 임의수립 대상 지자체는 총 169곳 중 16곳으로 약 9.5%의 시행률을 보이고 있음.

의무수립대상인 지자체 중에서도 지금까지 계획을 수립하지 않은 곳이 6곳이나 되며, 이전에 수립하고 아직 재정비계획이 없는 곳도 46군데(미수립 포함)나 됨.

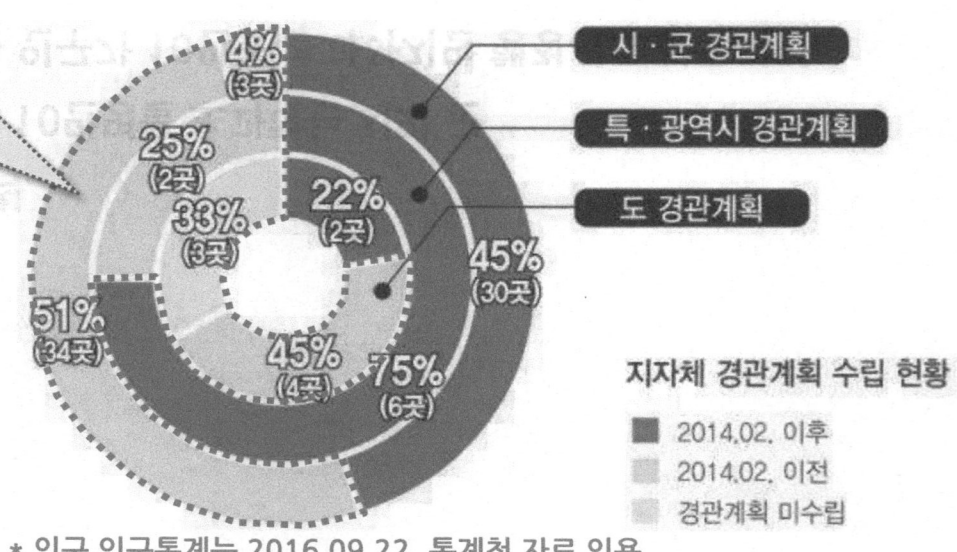

* 인구 인구통계는 2016.09.22. 통계청 자료 인용

경관계획 개요

2. 경관계획 수립현황

도(특·광역시) 경관계획 현황

- 도의 경우는 인구와 상관없이 경관계획 의무수립 대상으로, 2014.02이후 수립(중)한 곳은 전남(2014.06)과 제주(2015.?) 2곳이며, 강원, 충북, 경남은 아직까지 미수립 지역임 (22% 실행률)

도(특·광역시) 용도지역 현황

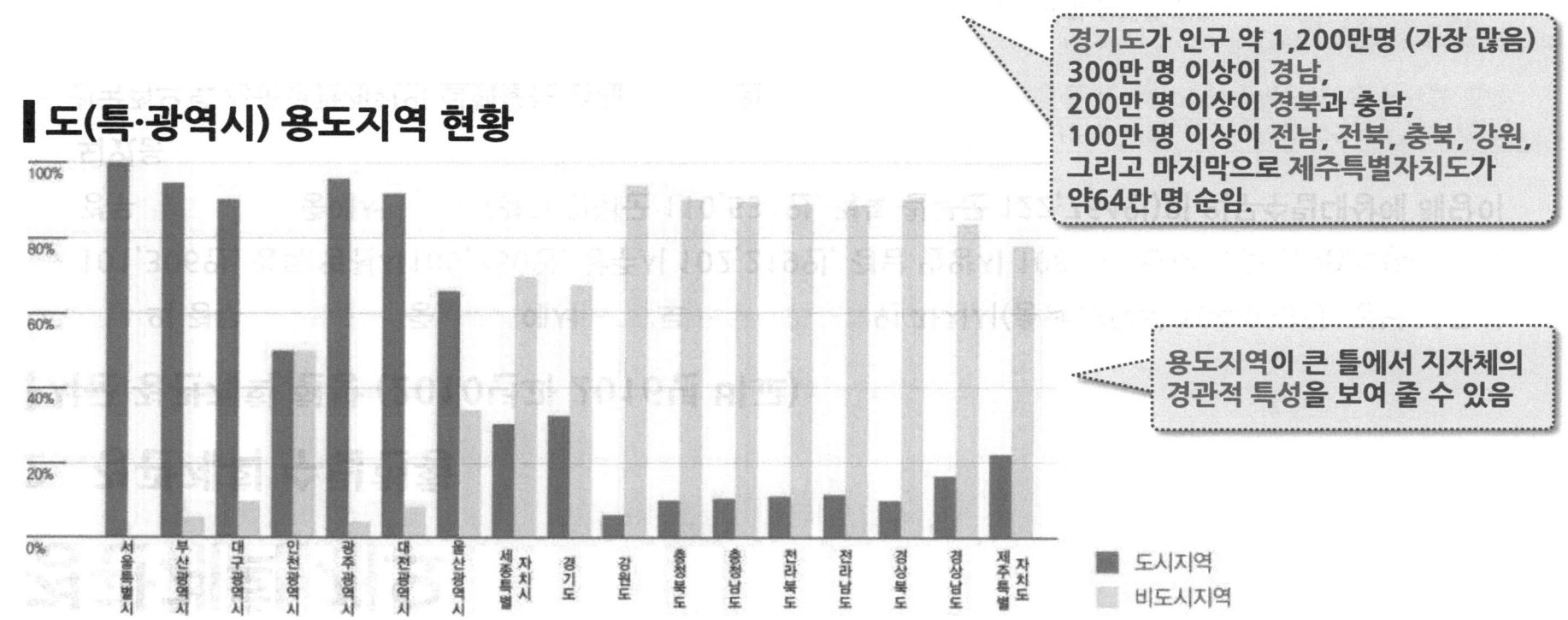

> 경기도가 인구 약 1,200만명 (가장 많음)
> 300만 명 이상이 경남,
> 200만 명 이상이 경북과 충남,
> 100만 명 이상이 전남, 전북, 충북, 강원,
> 그리고 마지막으로 제주특별자치도가
> 약64만 명 순임.

> 용도지역이 큰 틀에서 지자체의 경관적 특성을 보여 줄 수 있음

경관계획 개요

2. 경관계획 수립현황

▎시군 경관계획 현황 (2010년과 2016년 비교)

- 자치시의 경우 총 75개 시 중, 60개에서 65개로 의무수립대상인 자치시(충남 보령시 104,033인, 전남 나주시 101,306인, 경북 영천시100,350인, 상주시 102,219인, 경남 밀양시 108,193인)가 5곳 늘어났으며, 군의 경우 총 77개 군 중에서 2개 군(경기 양평군 110,531인, 경북 칠곡군 122,764인)이 의무수립대상에 해당이 되었음.

- 전국적으로 시군경관계획의 실행률은 현재 45.8%임 ······ 각 지자체의 도시기본계획, 도시관리계획(5년 단위)과의 정합성과 연계성을 유지하기 위해서는 수립 주기를 맞출 필요가 있음

행정구역	지자체수	의무수립대상	실행률	임의수립대상	실행률
전국	152곳	67곳	45.8%	85곳	13.7%
경기도	31곳	27곳	48.1%	4곳	0.0%
강원도	18곳	3곳	33.3%	15곳	6.7%
충청북도	11곳	3곳	66.7%	8곳	0.0%
충청남도	15곳	7곳	28.6%	8곳	50.0%
전라북도	14곳	4곳	50.0%	10곳	20.0%
전라남도	22곳	5곳	40.0%	17곳	17.6%
경상북도	23곳	10곳	50.0%	13곳	15.4%
경상남도	18곳	8곳	50.0%	10곳	0.0%

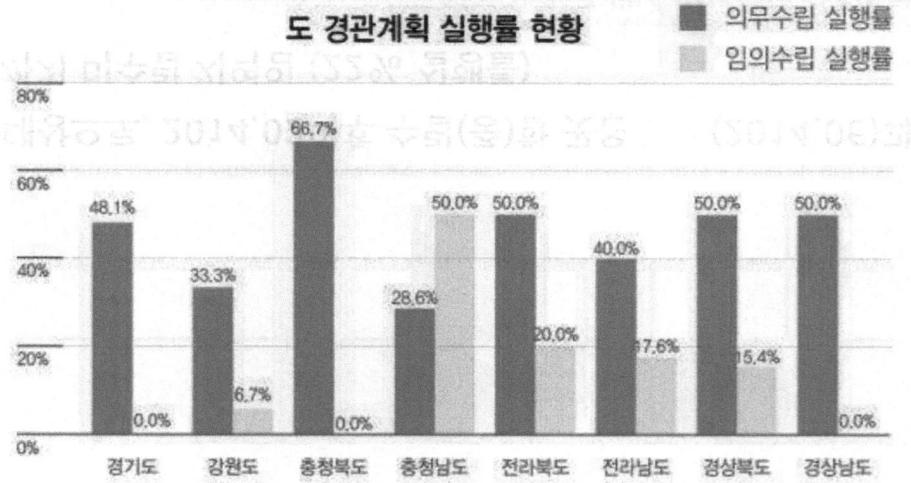

도 경관계획 실행률 현황

경관계획 개요

3. 도경관계획 vs 시군경관계획(경관계획수립지침)

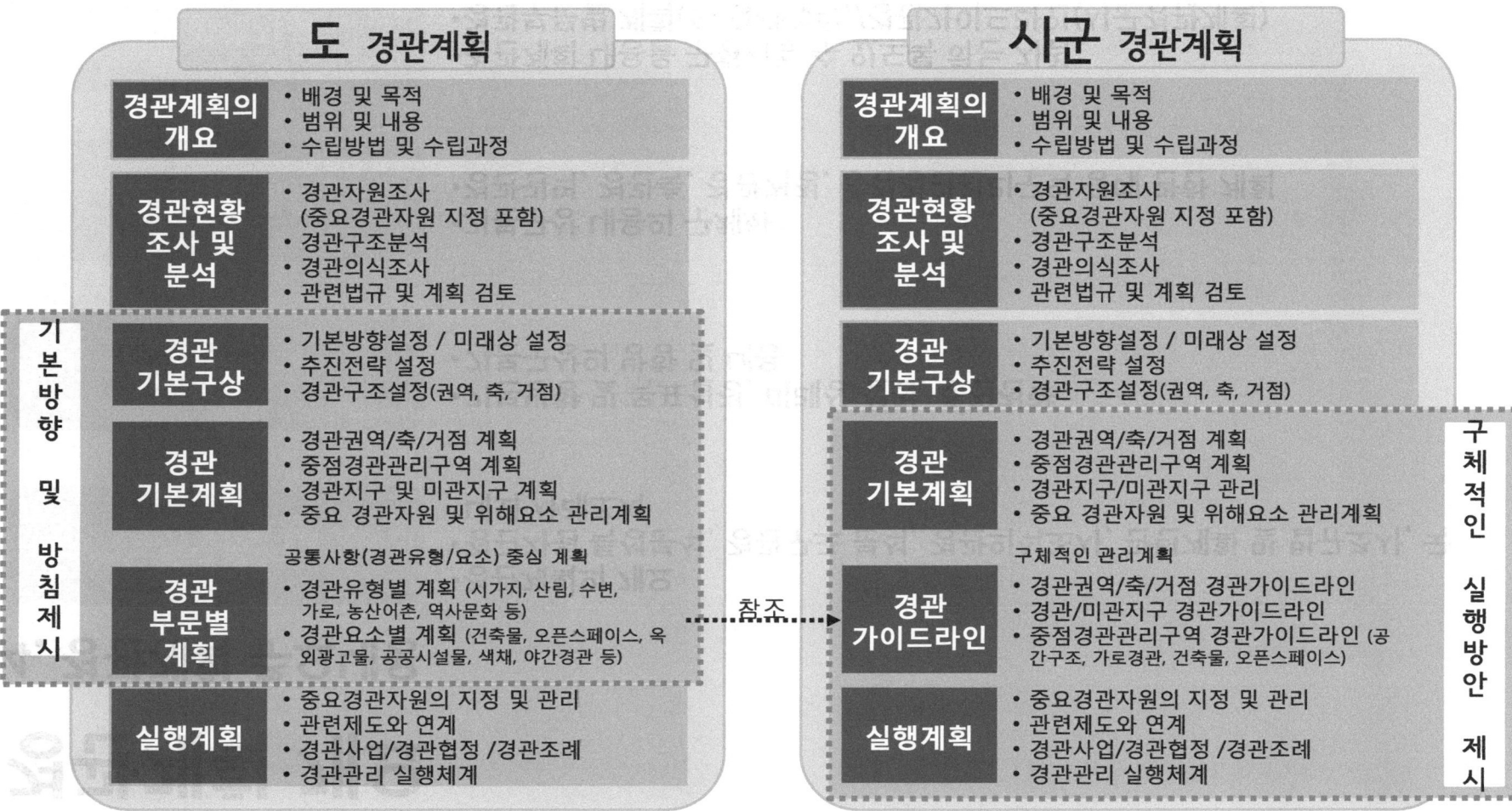

경관계획 개요

4. 경관계획 주요내용

경관현황 조사 및 분석
- 경관계획의 개요
- 경관자원 특성분석, 경관구조 분석, 경관의식조사, 관련계획 및 법규조사, 국내외 사례조사

경관기본구상
- 기본방향 및 목표설정, 미래상 설정, 추진전략
- 기본구상의 방향 및 내용

경관기본계획
- 기본구상 내용의 구체화
- 경관권역, 경관축, 경관거점, 중점경관관리구역 등에 관한 계획

경관설계지침
- 경관계획 내용을 구현시킬 수 있도록 하는 지침
- 경관부문별 계획(도 경관계획)/경관가이드라인(시군경관계획)

실행계획
- 실행계획의 실천수단 검토, 경관중점지구의 실행방안
- 경관조례, 지구단위계획에 의한 관리, 경관사업, 단계별 계획

경관계획 주요내용

1. 경관계획 - 경관현황조사 및 분석

경관자원조사

경관자원조사 포함 내용
- 도시기본계획 등에서 이미 조사한 자원조사 활용
- 자연환경조사, 인문환경조사 + 경관자원조사

경관자원의 유형
- 자연경관 : 자연경관자원 / 산림경관자원 / 농산어촌경관자원
- 도시경관 : 시가지경관자원 / 도시기반시설 경관자원
- 무형자원 : 역사문화경관자원 / 지역상징자원

경관의식조사

조사방법
- 계획대상지역의 경관특성에 대한 주민과 방문자들의 의식을 파악
- 설문조사 또는 인터뷰조사 등

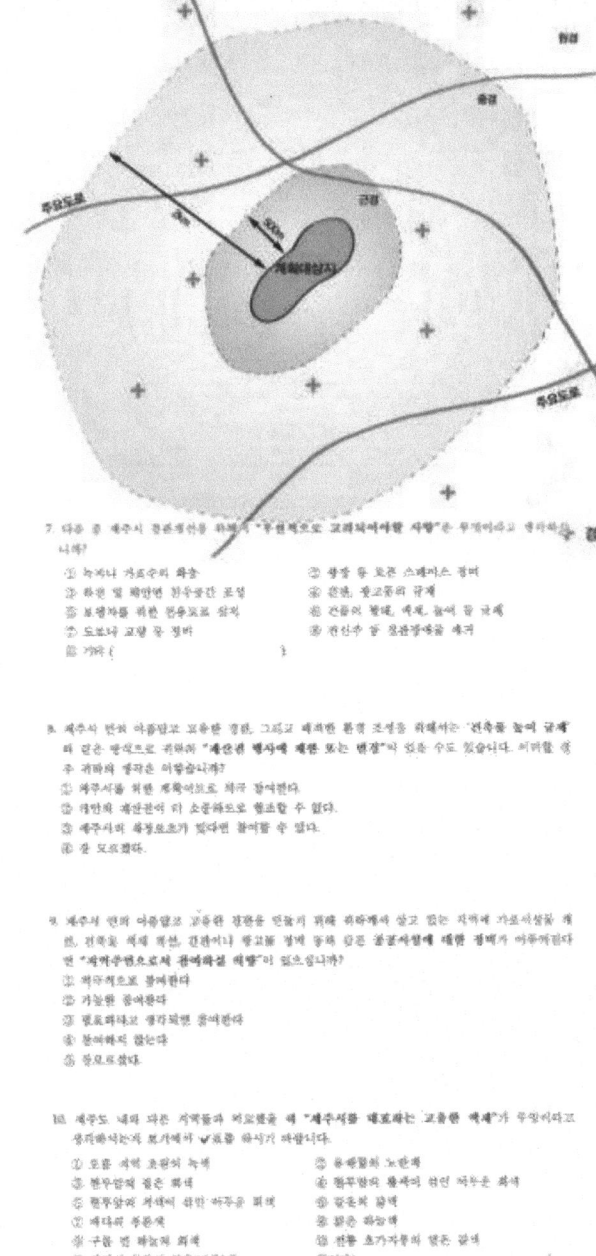

경관계획 주요내용

2. 경관계획 - 경관현황조사 및 분석

경관자원 활용 사례 (조망명소, 경관자원 DB 구축)

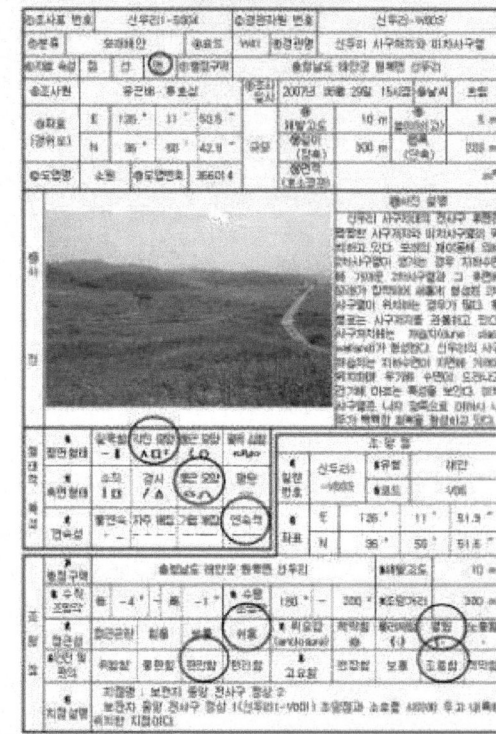

경관계획 주요내용

3. 경관계획 - 경관기본구상

▎기본구상 사례

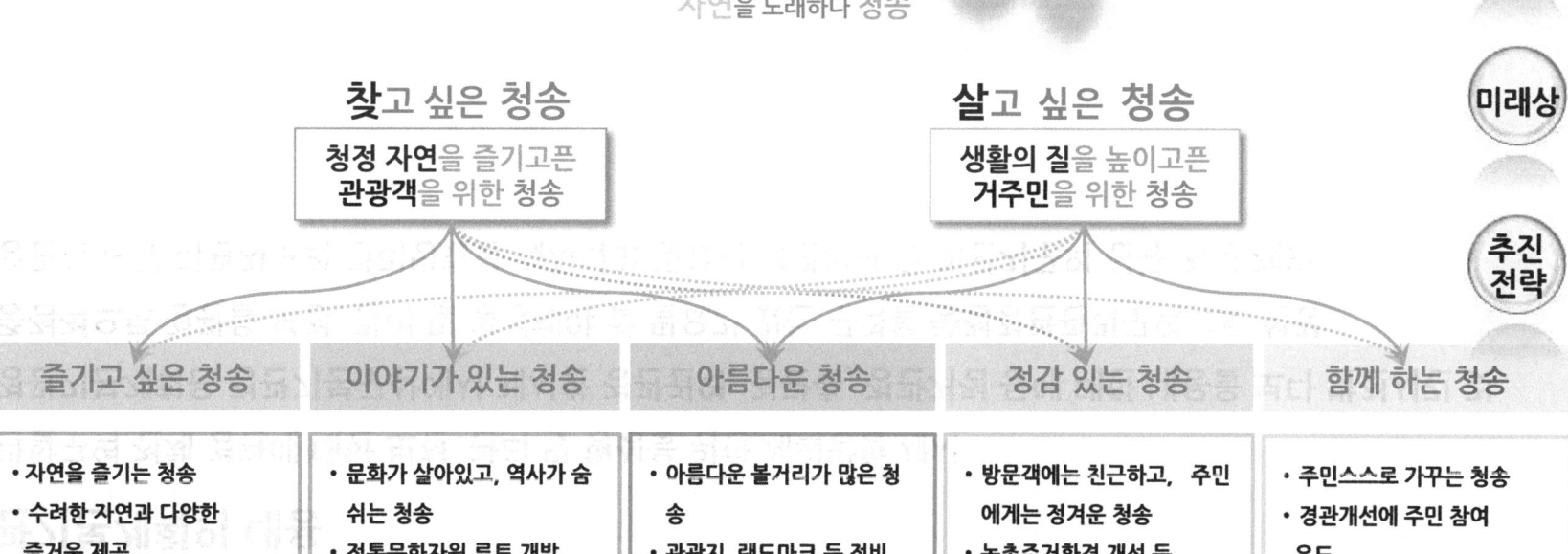

경관계획 주요내용

4. 경관계획 - 경관기본계획

경관기본계획의 내용

- 관할구역 전체 경관에 대한 보전·관리 및 형성을 위한 계획방향 제시
- 경관기본계획은 경관기본구상에서 제시한 경관권역, 경관축, 경관거점 등에 대한 내용을 보다 발전시킨 것
- 중점적으로 경관을 보전·관리 및 형성해야 할 필요가 있는 구역을 중점경관관리구역으로 설정
- 경관지구 및 미관지구의 관리방향을 제시하고 필요시 경관지구 및 미관지구의 신규 지정 제안

경관기본구상의 내용을 구체화

실행계획으로 연계하여 실제 구현

경관계획 주요내용

5. 경관계획 - 경관기본계획

▌경관축 계획 사례

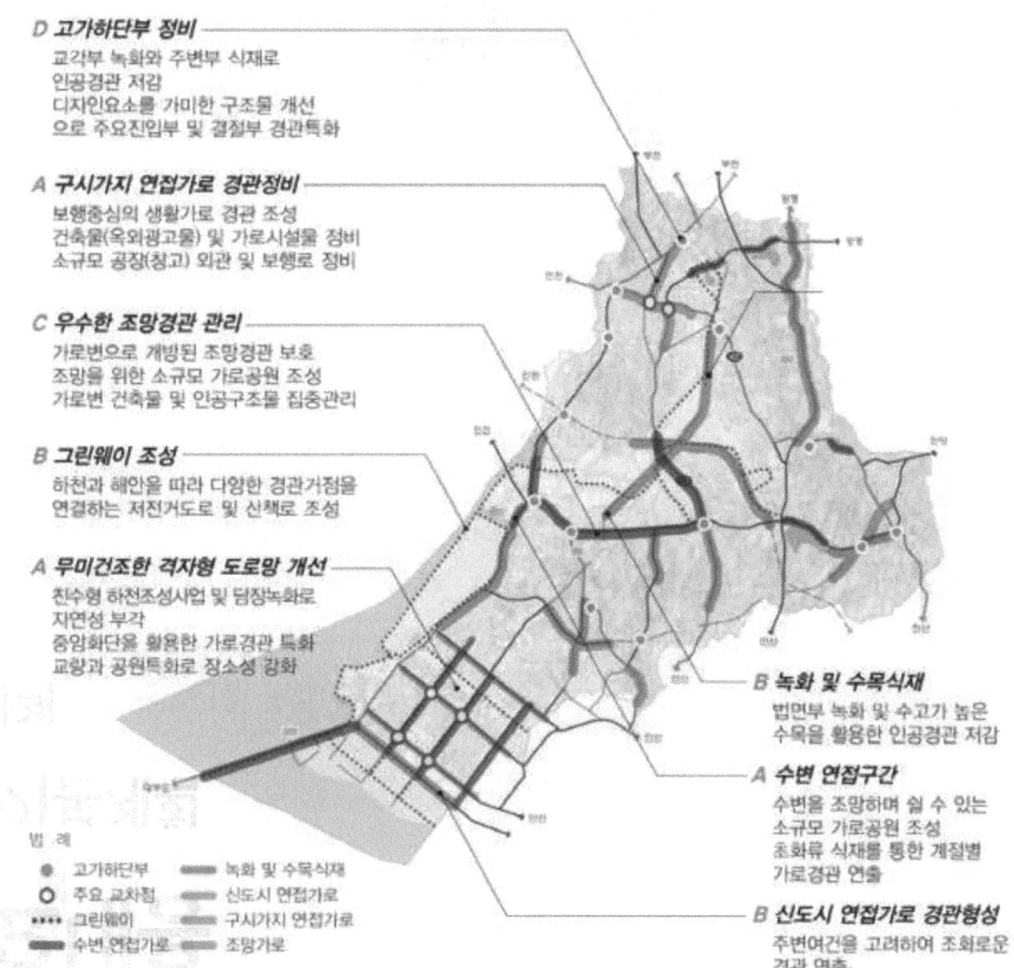

경관계획 주요내용

6. 경관계획 - 경관기본계획

▎중점경관관리구역 사례

경관계획 주요내용

7. 경관계획 - 경관설계지침

경관설계지침 유형

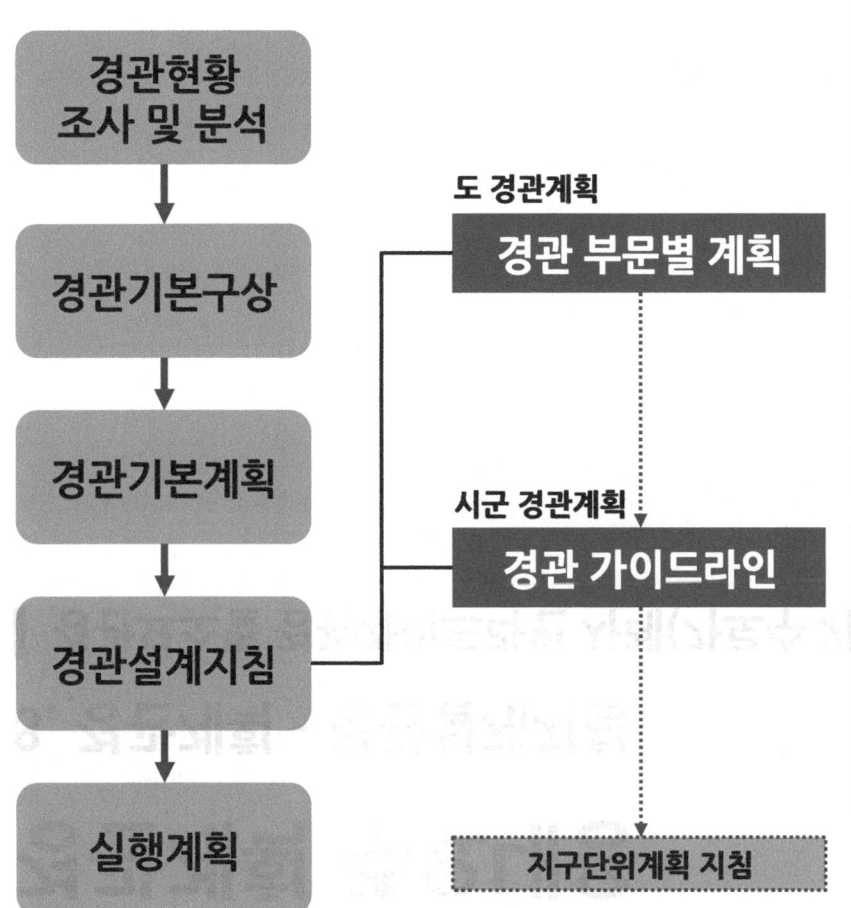

경관설계지침은 경관기본계획에서 제시된 내용을 구체화하기 위한 수단의 하나로 향후 개발사업이나 건축행위 등이 일어날 때 공공부문과 민간부문에서 참고할 사항을 상세히 기술하는 것을 말한다.

- 경관기본계획의 내용을 바탕으로 관할구역 내의 **기초 지자체에서 공통**으로 관리할 필요가 있는 **경관유형** 또는 **경관요소**에 대해서는 기초 지자체가 공통으로 적용할 수 있는 경관유형별 또는 경관요소별 관리계획을 제시할 수 있다.
- **경관유형별 관리계획 / 경관요소별 관리계획**

- **경관권역, 경관축, 경관거점, 경관지구·미관지구 및 중점경관관리구역**에 대한 경관기본계획 내용의 실행을 위해 해당 구역별로 경관요소에 대한 구체적인 설계방향, 원칙 등을 제시할 필요가 있을 경우 경관가이드라인을 작성하고, 이를 경관설계지침도로 제시한다.
- **경관권역 등의 경관가이드라인 / 경관지구 및 미관지구 경관가이드라인, 중점경관관리구역의 경관가이드라인**

경관계획 주요내용

8. 경관계획 - 경관설계지침

경관요소별 경관가이드라인 사례(가로수 가이드라인)

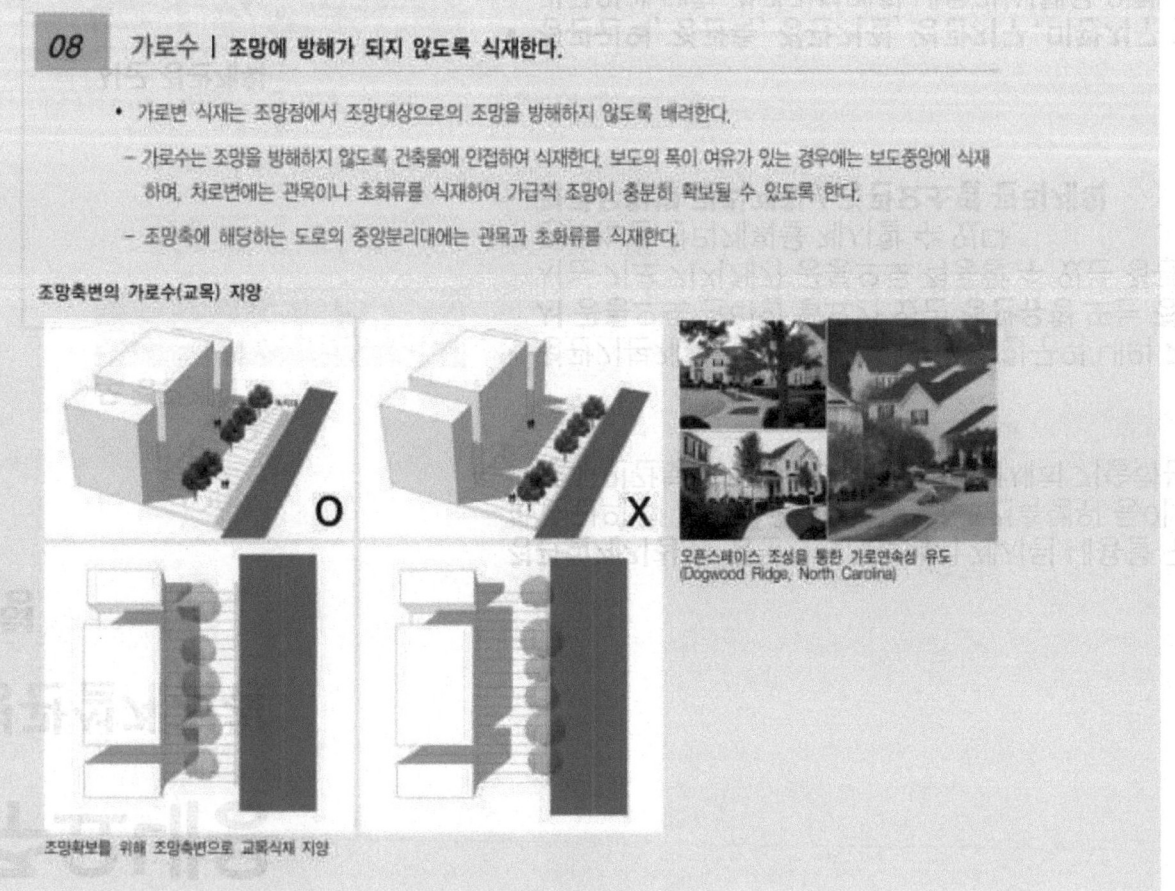

경관계획 주요내용

9. 경관계획 - 실행계획

실행계획의 유형

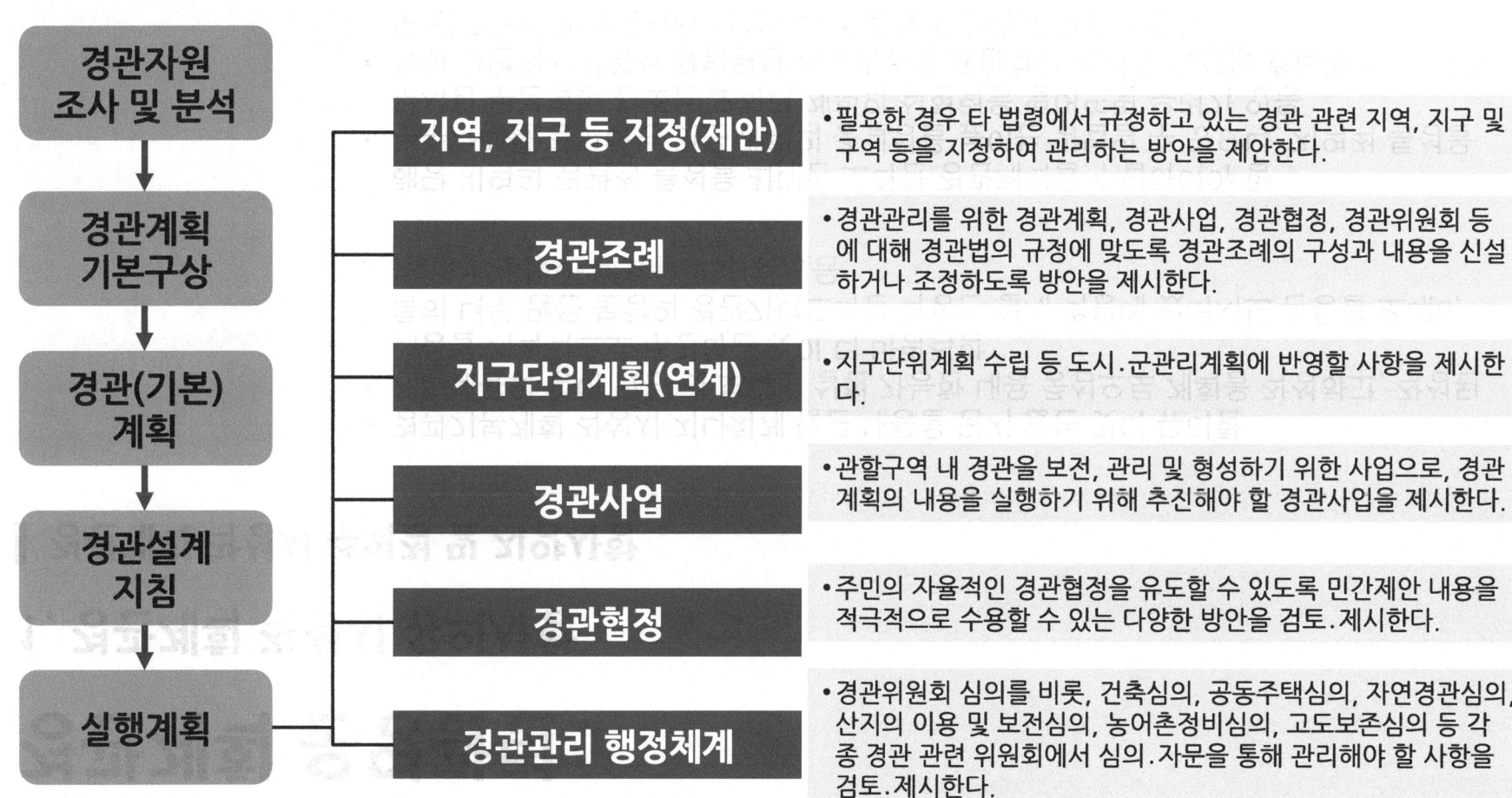

경관계획 운영관련

1. 경관계획 작성시 유의사항

경관계획 작성시 주의점 및 지양사항

경관계획의 실현가능성 고려
- 경관기본계획 작성시 지나치게 많은 내용을 담지 않는 것이 유리함
- 계획내용의 양이 많은 것 보다는 실현 가능한 내용 중심으로 계획을 작성하고, 작성된 내용을 지속적으로 추진하는 것이 더 바람직함
- 특히 너무 많은 분량의 경관가이드라인 작성은 실제 적용에 있어서도 혼동을 초래하는 경우가 많아 비효율적일 수 있음

지역특성을 고려한 경관계획
- 해당 지역의 경관적 특성을 최대한 고려한 경관계획을 수립하여야 함
- 우수사례를 참고하는 것은 계획의 충실성을 높이는 방법일 수 있으나, 지역적 특성을 무시한 무분별한 참조는 오히려 계획의 실현력을 떨어뜨릴 우려가 있음
- 특히 과업지시서에서 광범위한 계획범위를 포함하여 지역적 특성을 흐리게 하는 경우도 있으므로 과업지시서 작성부터 신중하게 진행할 필요가 있음

지자체와 충분한 협의를 통한 계획 진행
- 지자체 담당자와 충분한 협의를 거쳐 경관계획을 수립하는 것이 바람직함
- 경관계획의 방향, 경관계획의 범위, 지자체의 주요 관심 분야, 지역주민의 요구사항 등 지자체 담당자의 의견을 충분히 반영하는 것이 향후 경관계획 실행력을 높이는데 유리함

경관계획 운영관련

2. 경관계획 표현하기

명료하고 보기 편한 결과물

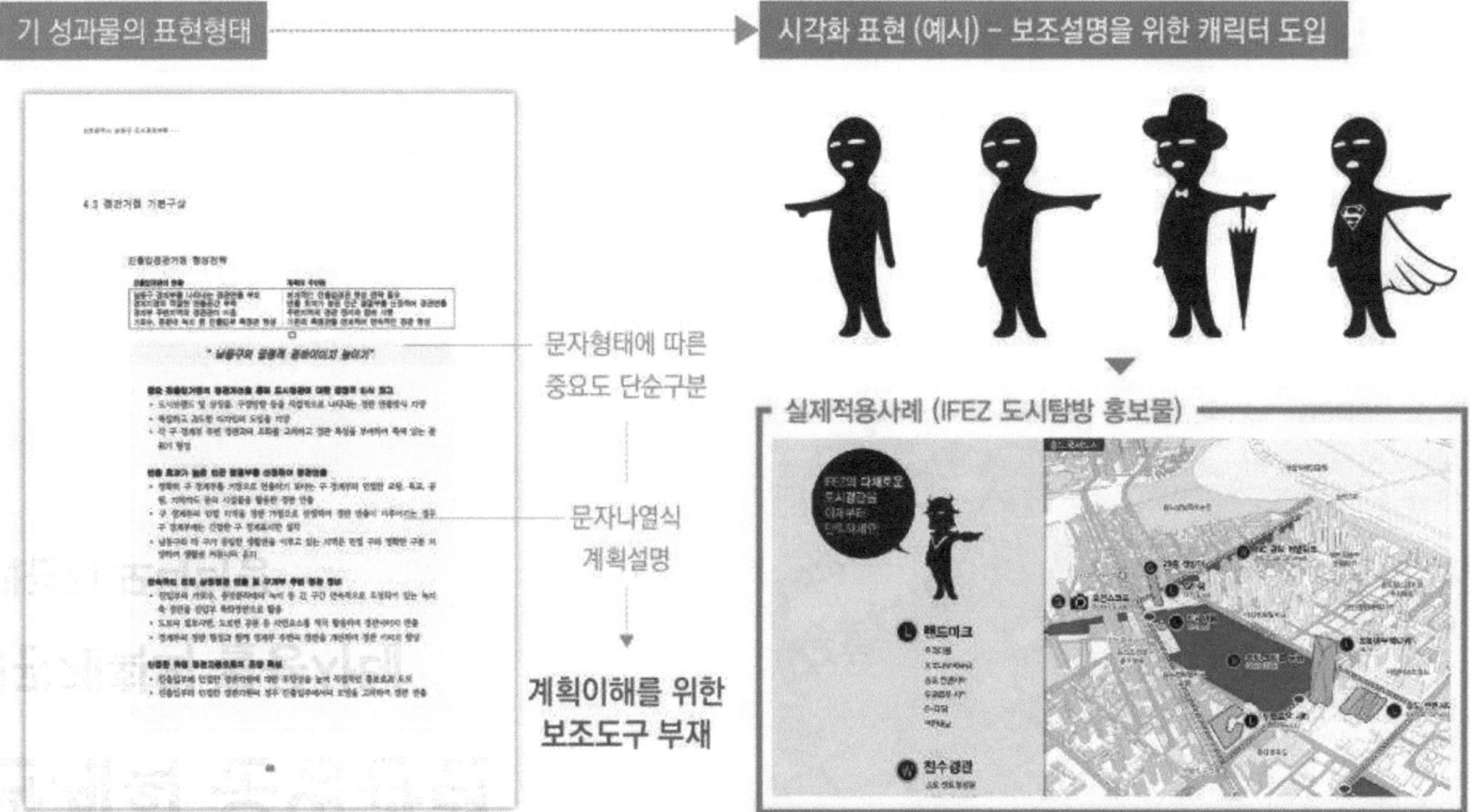

경관계획 운영관련

3. 경관계획의 활용사례

▎성과관리 모니터링

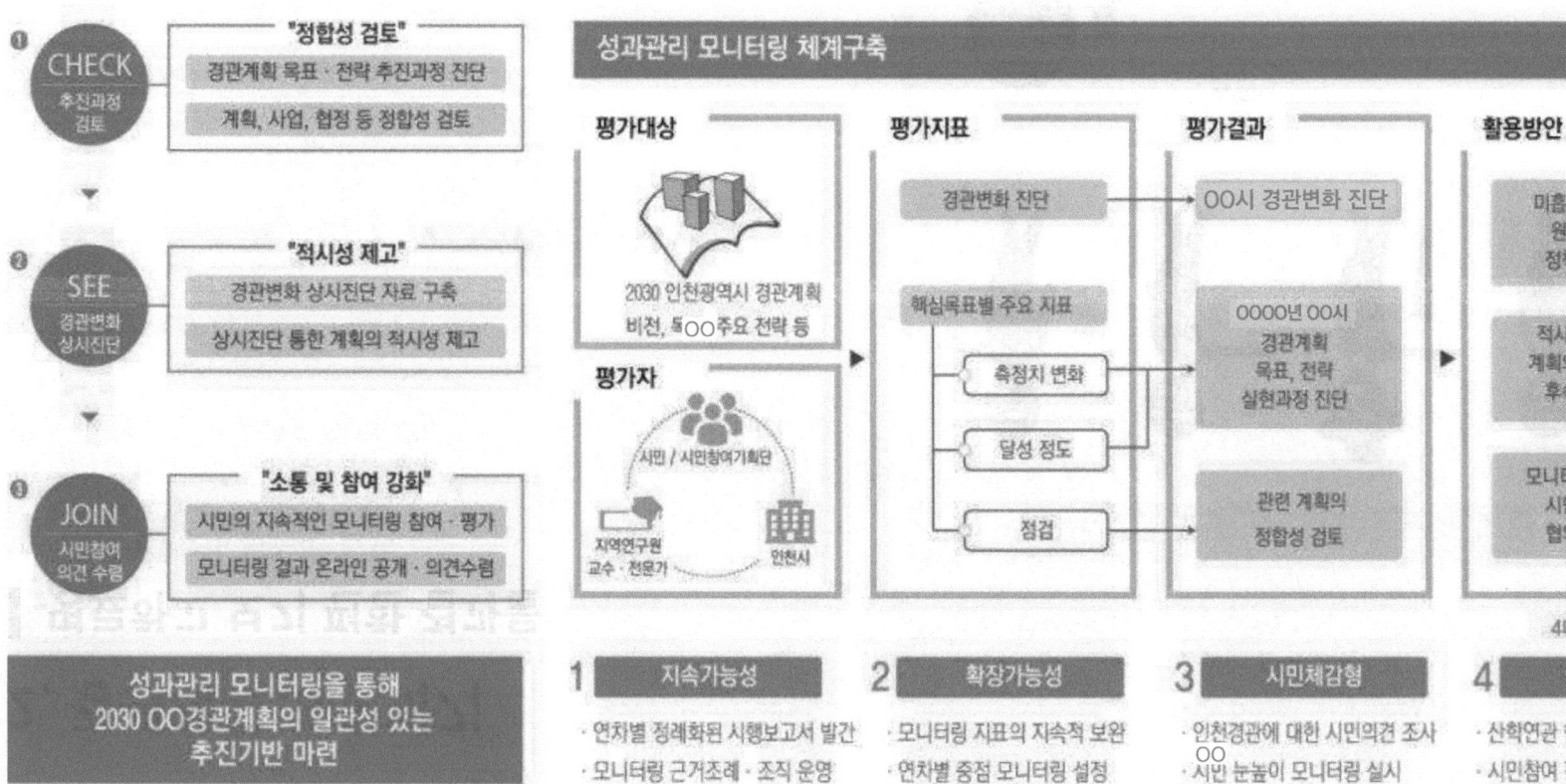

경관계획 운영관련

3. 경관계획의 활용사례

경관자원관리

- **경관자원 구축을 통한 차별화된 경관관리·활용**
  - 해당 지역의 자연, 역사·문화, 시가지 등 경관자원의 발전잠재력 파악 및 도시정체성 강화
  - 고유한 경관자원 조사·발굴 및 지도화로 객관적 경관자원 정보 및 관광자원화 기반 구축
  - 체계적인 경관자원 조사·발굴과 구축은 지역의 계획과 정책수립에 중요한 기초자료로 활용 가능

- **체계적인 경관자원 발굴·평가체계 구축**
  - 유사사례 검토를 통한 해당 지역의 경관자원 조사 인력의 구축, 교육 등 경관자원 조사단 구성
  - 해당 지역의 경관자원의 유형, 분포, 규모 등을 파악할 수 있는 조사 방법론 개발
  - 경관자원의 고유성, 대표성 등 질적 가치를 평가할 수 있는 평가지표, 선정기준 등을 도출

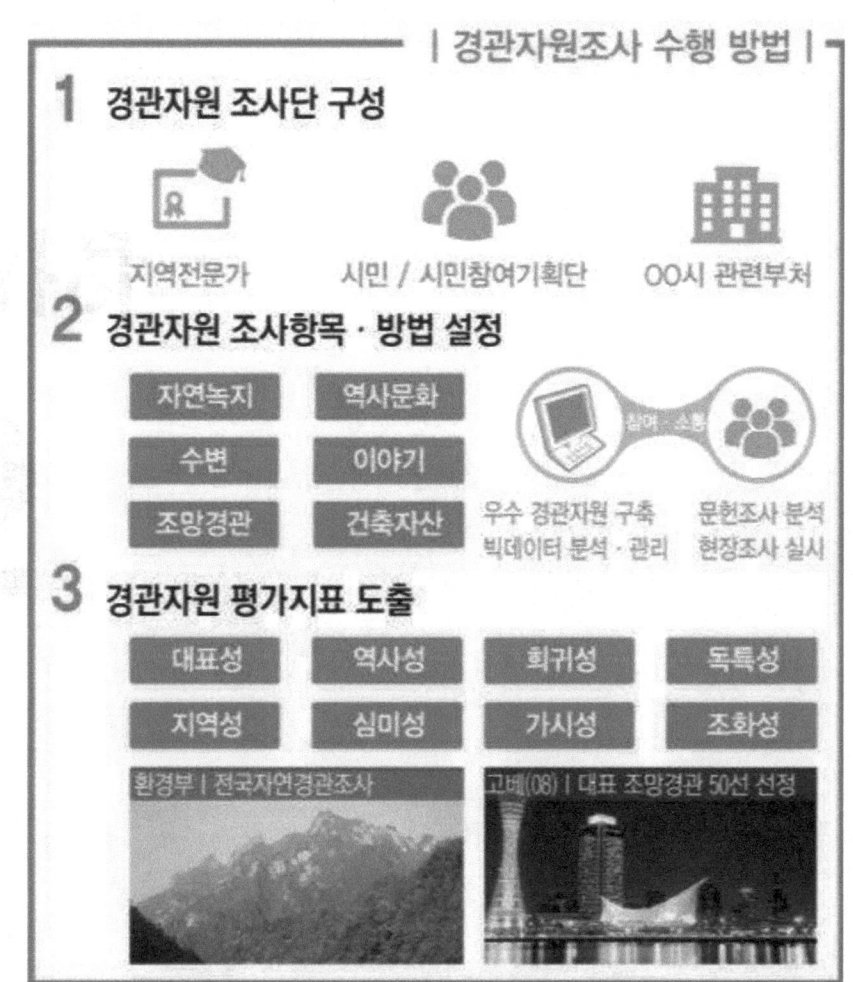

5

경관사업

집필자 : 변혜선, 정수진

경관사업

1. 경관사업이란?

▌경관법 제16조(경관사업의 대상 등)

지역의 경관을 향상시키고 경관의식을 높이기 위하여 경관계획이 수립된 지역에서 수행하는 사업

- 가로경관의 정비 및 개선을 위한 사업
- 지역의 녹화(綠化)와 관련된 사업
- 야간경관의 형성 및 정비를 위한 사업
- 지역의 역사적·문화적 특성을 지닌 경관을 살리는 사업
- 농산어촌의 자연경관 및 생활환경을 개선하는 사업
- 그 밖에 경관의 보전·관리 및 형성을 위한 사업

각 지자체에서 지역 특성에 맞는 경관사업을 발굴하여 조례에 명시하고 추진할 수 있음

경관사업

2. 어떻게 하는가?

▎경관법 상 경관사업의 프로세스

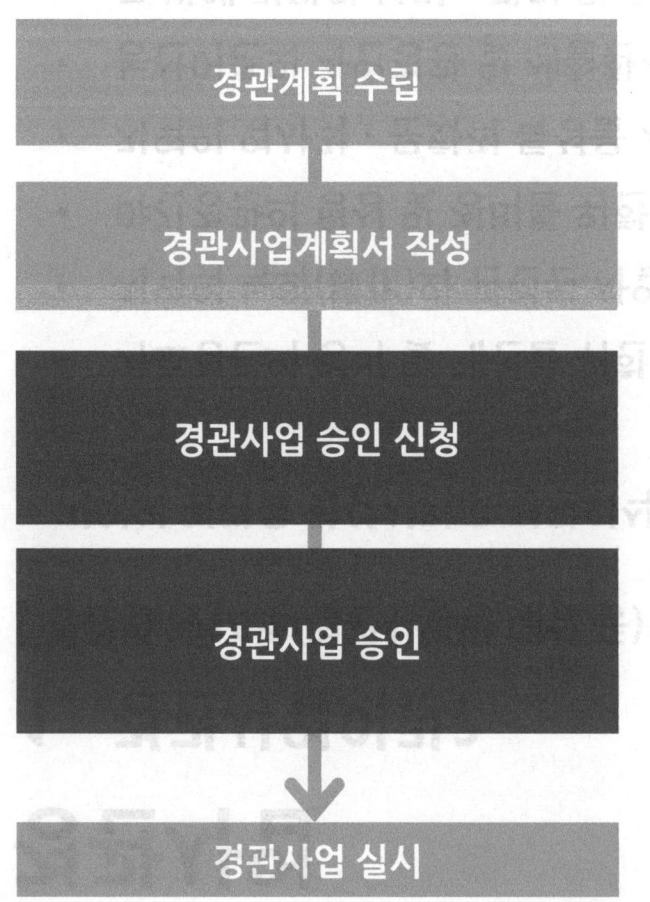

- 경관계획이 수립된 지역에서만 경관사업을 할 수 있다.

- 목표, 사업주체, 사업내용, 추진방법, 경관계획과의 연계성, 유지관리방안, 사업비용 등

- 경관위원회 심의
  - 경관사업의 효과 및 필요성
  - 경관사업 대상지역의 경관계획
  - 주변지역의 경관에 미치는 영향 및
  - 주변지역 경관과의 조화

- 경관사업추진협의체 설치 가능

경관사업

3. 다른 경관사업들과 어떻게 다른가?

▌경관법에서 규정하는 경관사업

- **해당지역의 경관계획이 있어야 한다.**
- **경관위원회의 심의를 거쳐야 한다.**

→ 해당 지자체의 개별적인 경관 관련 사업 간의 연계 도모
→ 경관협정과 연계가능 : 지역민 참여가능, 관리지속성 유지

→ 경관사업으로 추진 할 경우에는 심의 등의 과정에 추가되어 전문가의 자문을 통해 지역의 일관된 경관정책의 추진이 가능해짐

경관사업

4. 경관사업추진의 한계

▌경관사업 추진 시 어려운 점

- 너무나 다양한 부서에서 관련 사업을 추진하고 있음.
- 경관계획 수립 필요, 경관위원회 심의 등 행정절차의 불편함이 있음.
  - 국비사업의 경우, 행정상 일정 기한 내에 사업 완료되어야 함

▌경관사업의 예산확보

- 경관법에 의한 경관사업에 대한 재정적 지원이 미약. 지방비로 추진

→ 경관사업은 복지부문 등과 비교할 경우에 사업추진 우선순위가 떨어짐

경관사업

5. 경관사업추진협의체란?

- 목적 : 경관사업을 원활하게 추진하기 위해 조직한 사람들의 모임
- 조직 : 경관사업 대상지역의 주민 및 이해관계인, 시민단체, 경관 관련 전문가 또는 공무원을 포함하여 20명 이내로 구성
- 역할 : 경관사업의 계획수립, 사업의 추진, 사후관리에 참여
    - 경관사업에 관한 의견수렴 및 개선사항 건의
    - 경관사업에 대한 교육 및 홍보
    - 경관사업 추진에 따른 이해관계의 조정

경관사업

6. 경관사업 추진을 위한 제안

▌관련부서간의 정보 공유 필요

- 각 사업부서에서 어떠한 사업이 진행되는지 정보 공유 : 읍면소재지 활성화 사업, 가로경관 개선사업 등

▌경관계획이 미 수립된 경우

- 경관적으로 중요한 사업의 경우, 경관계획에 반영하여 **경관사업으로 명시**

▌경관계획이 수립된 경우

- 경관위원회의 자문(또는 심의)를 거쳐 경관계획과 조화

경관계획 담당부서		**관련사업** 담당부서
경관계획에 반영 / 경관위원회 자문 등	←상호연계→	관련사업 절차에 따른 사업비신청
경관사업 실시		경관계획에 일치하도록 진행

경관사업

7. 경관사업 추진을 위한 제안

경관계획의 실행

- 실무적 입장에서 힘든 것은 ①예산확보, ②행정절차이행, ③좋은 경관 설계 및 시공 등을 꼽을 수 있음

예산	경관사업을 추진하기 위해서 별도의 사업계획 작성 및 예산확보를 위한 사전 절차 이행 연차 별 추진이 가능할 수 있도록 중기지방재정계획 등에 반영 국비공모사업 등 예산확보를 위한 별도의 노력이 필요한 경우가 많음
절차이행	경관사업 추진을 위해 관련 부서 협의 등을 사전에 추진하는 것이 필요 경관위원회 심의가 핵심 절차이므로 관련사항 사전검토 필요
업체선정	능력 있는 지역의 업체 리스트 확보 필요 지역 전문가 네트워크를 구축하고 관련 지원사업 등을 활용하여 전문가 지원 요청 필요

6
경관협정

집필자 : 변혜선, 정수진

경관협정

1. 경관협정이란?

경관법 제19조(경관협정의 체결) ①

토지소유자와 그 밖의 대통령령으로 정하는 전원의 합의로 쾌적한 환경과 아름다운 경관을 형성하기 위한 협정(이하 "경관협정"이라 한다)

※협정(協定) : 협의하여 결정함. (agreement, convention)

경관협정

2. 무엇을 하는가? 경관협정의 범위 및 내용

경관법 제 19조 제4항 및 동법 시행령 제11조

건축물의 의장 및 색채
입면디자인, 지붕 및 차양, 창문 및 쇼윈도 등

토지의 보전 및 이용
획지, 건축물의 규모, 부지의 용도 등

옥외광고물

역사·문화경관의 관리 및 조성
유지관리 등

옥외에 설치되는 건축설비 위치

기타
녹지, 가로, 수변공간 및 야간조명
경관적으로 가치가 있는 수목이나 구조물
그 밖의 지자체 조례로 정하는 사항

건축물 및 공작물 등 외부공간
주차시설, 담장, 울타리, 부지경계공간 등

경관협정

3. 어떻게 하는가?

법적 프로세스

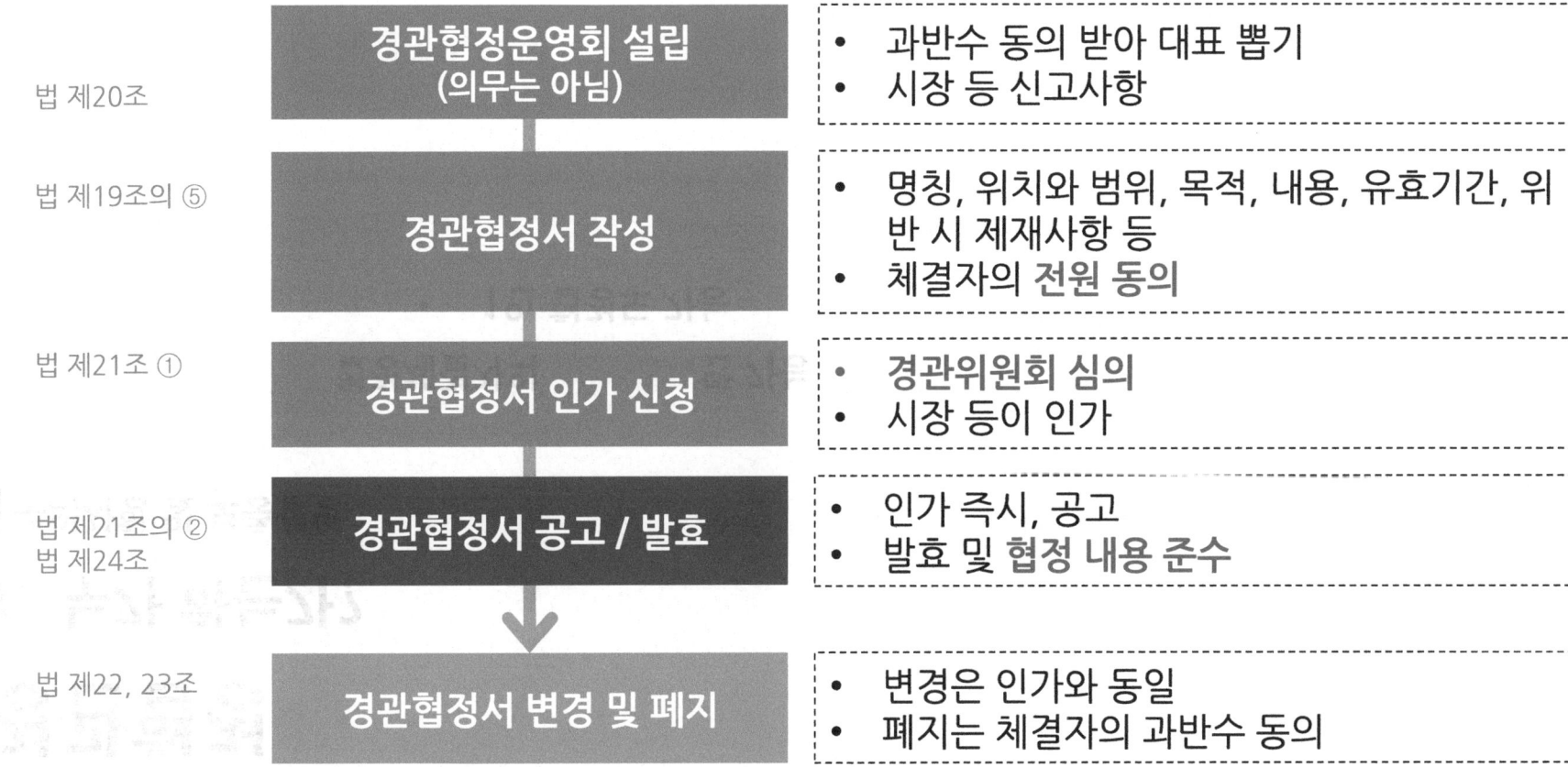

경관협정

3. 누가 하는가?
▍주의사항 및 보충설명

협정체결자의 전원 합의만 가능
- 1인 협정도 가능

체결자의 범위 :
**건축물 소유자와 지상권자,
토지소유자 및 건축물 소유자의 동의를 받은 이해관계자**
- 소유자의 경관협정, 사용권자의 경관협정으로 구분도 가능

경관협정

※ 참고사항

경관협정 인가현황 2007~2016현재

구분	협정명
서울	강북구 우이동 경관협정 (2009)
	양천구 신월동 경관협정 (2009)
	구로구 개봉동 들머리마을 경관협정(2012)
	관악구 서림동 보그니마을 경관협정(2012)
	관악구 중앙동 가온누리마을 경관협정(2015)
부산	청사포마을 경관협정(2010)
	대천마을 경관협정(2011)
	온천3동 경관협정(2013)
	사랑대 경관협정(2013)
	반여4동 경관협정(2013)
	보림팩토피아 경관협정(2013)
인천 (옹진)	문갑도 토탈디자인 빌리지 경관협정(변경, 2014)
	백령면 심청각 진입로 주변 개선을 위한 경관협정(2012)
	백령면 연화1리 천안암 위령탑 진입로 주변 경관개선을 위한 경관협정(2014)
	백령면 연화2리 중화동 순례길 경관협정(2014)
	백령면 마을환경개선을 위한 경관협정 변경(2014)

구분	협정명
고양	강촌2단지 상가 경관협정(2009)
	문촌4단지 상가 경관협정(2009)
	문촌17단지 상가 경관협정(2009)
수원	수원 거북시장길 경관협정 (2012)
	성대,밤밭 문화의 거리 경관협정 (2015)
창원	동읍마을 벽화사업 경관협정(2014)
	산호공원 마산도서관길 벽화사업(2014)
	명농마을 벽화사업 경관협정(2014)
전주	기린로 전자상가 아름다운 간판 정비사업(2009)
거창	아카데미파크 경관협정(2013)
광양	다압면 섬진마을 주민 경관협정(2015)
익산	익산역 문화예술거리 주민 경관협정(2016)

※이여경, 심경미(2016) 경관협정 실효성 제고를 위한 지원방안 연구

경관협정

6. 추진단계별로 중요한 점은?

▌준비단계 : *최소 6개월 이상 필요, 가장 중요한 단계* ★★★★★

주민들이 충분히, 제대로 알고 있어야 한다.
- 경관협정에 대한 이해 : 건축행위의 제약, 자부담 발생여부 등
- 지역특성에 대한 이해 : 현황 및 문제점 등
- 해결방안에 대한 이해 : 관련 계획 및 관련 사업의 파악 등

→ 경관협정운영회 운영이 바람직함.
→ 더불어 전문가의 자문, 행정의 지원 등이 요구됨.

경관협정

6. 추진단계별로 중요한 점은?

체결단계

꾸준히 할 수 있는 것만 명시하자.

- 행동지침 관련 : 쓰레기 처리, 내집앞 청소, 축제에 적극적 참여 등
- 운영지침 관련 : 회비 납부 의무, 행사 참여의무 등
- 인센티브와 제재조치 : 공용주차장 활용, 지역포인트카드 등
- 경관지침 관련 : 건물형태, 차양, 옥외광고물 등

운영단계

꾸준한 활동이 필요하다.

- 꾸준한 지역주민의 참여가 필수적이다.
- 행정에서도 꾸준한 관리 감독이 필요하다.
- 새로 들어온 주민에 대한 사전 교육 : 부동산 거래 과정에서 언급 !
- 한 번의 예외는 붕괴의 시작이다.

경관협정

7. 각 주체별 역할은?

▎전문가의 역할이 중요하다.

총괄기획가로서의 역할
- 경관협정 대상지 선정부터 관여하는 것이 바람직
- 대상지 주민들과의 의사소통방식, 주민들 교육방식, 행정 지원 내용, 경관협정 내용, 사업 추진방안, 유지관리 방안 등 전반적 내용에 대한 기획
- 처음부터 협정대상지에 대한 책임을 명시하는 것이 바람직

코디네이터로서의 역할
- 행정기관과 주민대표간의 의사소통 및 연결고리

자문가로서의 역할
- 경관협정 내용에 대한 전문 자문 : 사업이 수반될 경우, 디자인에 대한 자문 포함

경관협정

7. 각 주체별 역할은?

│주민의 역할

결속력 강화

- 경관협정체결자들간의 원만한 이해관계를 유지하는 것이 가장 중요 !!
- 지역 축제 및 이벤트 등 결속력 강화 프로그램의 운영이 바람직

강한 리더쉽

- 전체 회원들간의 공통의 목표 설정, 추진력, 공감대 형성에 필요
- 리더의 솔선수범, 지연 등에 얽히지 않아야 한다.
- 회원들의 자발적인 참여를 유도해야 한다.

경관협정

7. 각 주체별 역할은?

▌행정의 역할

행정절차 담당
- 경관협정 인가를 위한 경관위원회 자문 개최 등

지원 프로그램의 마련
- 전문가 지원, 전문기관에 의한 교육 등을 지원
- 경관협정에 대한 사전 자문 프로세스의 마련 필요

예산 확보
- 경관협정 지원을 위한 예산 확보 (전문가 활용 등)
- 경관협정사업 추진을 위한 예산 확보

관련 지침의 마련
- 경관협정 운영 지침의 마련
- 인센티브 및 위반시 제재조치에 대한 근거 마련

7
경관심의

경관심의

1. 경관심의 구성

▎심의 대상유무, 분류기준, 심의기준에 따라 다름

대상유무	법령	분류기준	심의기준
사회기반 시설사업	법26조 령19조	금액에 따라 500억원, 300억원	체크리스트
개발사업	법27조 령20조	면적(㎡)에 따라 3만, 30만, 20만	체크리스트 사전경관계획
건축물	법28조 령21조	유형에 따라 지구, 구역, 공공건축	체크리스트

경관심의

2. 체크리스트에 의한 심의

체크리스트로 협의내용의 제한, 심의내용의 일관성 유지

하천시설의 경관체크리스트(사업자용)

구분	검토항목	반영	미반영	해당없음
기본방향	주변의 경관과 연계되고 조화로운 하천경관을 형성			
	하천의 시각적인 연속성과 조망이 확보되도록 하천경관을 형성			
	친수공간은 접근성과 쾌적성을 고려하여 조성			
기본구상	하천의 미지형을 최대한 살리고 주변 경관과 시각적 연속성을 갖도록 계획			
	기존 오픈스페이스 및 공원 녹지와 연계하여 계획			
	주요 조망지점에서부터 하천으로의 조망권을 확보할 수 있도록 시각적인 조망축을 설정하여 하천으로의 개방감을 확보			
	하천구역과 주변의 토지이용, 도로, 건축물 등을 연계하여 일체적으로 계획			
	계절적 변화와 시간에 따라 변화하는 다양한 하천경관을 연출			
주요시설 설계방향	하천 내 인공시설물 설치를 지양하되, 불가피하게 인공구조물을 설치할 경우 과도한 디자인을 지양하고, 자연경관 변화를 최소화			
	공공시설물 등 하천 관련 시설물을 일관성 있게 디자인			
	친수공간을 조성하거나, 조망점, 하천트레일을 정비하는 경우에는 보행자의 접근성을 고려하여 설치			
	인공구조물은 시각적 개방감을 확보할 수 있도록 조망을 고려			
	댐 공간 및 부속시설은 경관 및 기능, 생태적 특성을 고려하여 디자인			

[사업자 의견*]

하천시설의 경관체크리스트(심의위원용)

구분	검토항목
기본방향	주변의 경관과 연계되고 조화로운 하천경관을 형성
	하천의 시각적인 연속성과 조망이 확보되도록 하천경관을 형성
	친수공간은 접근성과 쾌적성을 고려하여 조성
기본구상	하천의 미지형을 최대한 살리고 주변 경관과 시각적 연속성을 갖도록 계획
	기존 오픈스페이스 및 공원 녹지와 연계하여 계획
	주요 조망지점에서부터 하천으로의 조망권을 확보할 수 있도록 시각적인 조망축을 설정하여 하천으로의 개방감을 확보
	하천구역과 주변의 토지이용, 도로, 건축물 등을 연계하여 일체적으로 계획
	계절적 변화와 시간에 따라 변화하는 다양한 하천경관을 연출
주요시설 설계방향	하천 내 인공시설물 설치를 지양하되, 불가피하게 인공구조물을 설치할 경우 과도한 디자인을 지양하고, 자연경관 변화를 최소화
	공공시설물 등 하천 관련 시설물을 일관성있게 디자인
	친수공간을 조성하거나, 조망점, 하천트레일을 정비하는 경우에는 보행자의 접근성을 고려하여 설치
	인공구조물은 시각적 개방감을 확보할 수 있도록 조망을 고려
	댐 공간 및 부속시설은 경관 및 기능, 생태적 특성을 고려하여 디자인

[심의의견*]

심의위원: (인)

경관심의

3. 경관심의의 절차적 특징

▍프로세스 중심의 심의

- 정해진 기준에 의한 심의가 아니라 가이드라인에 의한 협의로 진행
- 대상별, 단계별 고려사항을 중심으로 협의로 진행

▍심의방법의 선택이 가능

- 경관심의절차와 사전검토절차가 있음
- 경관심의 전에 사전검토절차에 따라 경관협의 가능

경관심의

4. 경관심의절차(지침 5-2-1)

① 경관심의 신청
- 사업부서 → 경관심의 부서
  - 제출서류 : 경관심의신청서, 경관심의도서, 경관체크리스트
  - ※ 사전검토를 거친 경우 사전검토결과 및 조치계획 제출

② 경관위원회 개최
- 경관심의 요청일로부터 30일 이내 개최
  - ※ 사전검토를 실시한 경우 사전검토위원 2명 이상 참석
  - 심의방법 : 객관성·효율성 확보를 위하여 체크리스트를 중심으로 검토
    : 국토공간계획지원체계(KOPSS)의 경관계획지원모형 활용

③ 심의결과
- 원안의결, 조건부의결, 재검토의결, 반려 중 하나로 정함
  - ※ 사전검토를 실시한 경우 원안의결 또는 조건부의결 중 하나로 정함

④ 심의의견 정리
- <u>조건부 또는 재검토 의결을 하는 경우 위원장은 출석위원 과반수 이상의 동의를 얻어 종합·조정</u>
- 조건과 재검토 요구사항은 사업자의 부담 증가를 충분히 고려하여, 지나치게 포괄적인 의견 또는 과도하게 엄격한 의견을 제시하는 것은 지양하고, 대안을 함께 제시

⑤ 재심의
- 당초 심의위원의 3분의 2이상을 포함하여 경관위원회 구성
- 종전 심의결과와 일관성 유지

⑥ 심의결과 처리
- 경관심의 부서 : 심의결과 및 위원명단 공개
  - 기간 : 심의 개최 후 10일 이내에 위원명단과 회의결과 공개
  - 방법 : 해당기관의 인터넷 홈페이지
  - ※ 공동으로 심의하는 경우 해당 법률에서 규정한 공개 기준 준수
- 사업주체 : 심의결과에 대한 조치내용 경관심의 부서에 제출

경관심의

5. 사전검토절차(임의)(지침5-1-1)

▌사전검토절차의 특징

- 초기단계에 사전검토절차에 따른 경관협의로 경관심의가 수월
- 사전검토절차 시 전문가에 의한 경관 어드바이스가 가능
- 기간단축으로 개발사업의 용이성 확보 및 사업자 부담의 최소화

사전검토절차와 사전검토의견서는 다르다

① 사전검토 안내 및 요청	• (안내) 사업부서, 발주부서 → 사업자, 설계자 • (요청시기) 사업부서(사업자) 또는 설계자는 최종 설계(안)이 도출되기 이전 초기 단계에서 사전검토를 요청할 수 있다 • (제출서류) 경관사전검토서, 경관사전검토도서*, 경관체크리스트 　* 경관심의도서 작성방법을 준용
② 사전검토실시	• (개최일) 요청일로부터 20일 이내 • (사전검토위원) 경관위원회 위원 중 적정한 3인을 선정
③ 사전검토결과 반영	• (조치계획서) 사전검토 후 20일 이내에 경관담당부서에 제출 • (재검토회의) 사전검토회의는 재검토회의 포함 총 3회 이내로 함
④ 사전검토 시 경관심의 완화	• 사전검토 절차를 거친 경우에는 경관심의 시 원안의결·조건부의결 중 하나만 가능

7-1
사회기반기설사업의 경관심의

집필자 : 김경인

SOC 사업의 경관심의 개요

SOC 사업의 경관심의 개요

1. SOC의 정의(민간투자법)

해당법	대분류
도로법	도로 : 고속국도, 일반국도, 특별시도·광역시도, 지방도, 시도, 군도, 구도 도로의 부속물 : 자동차 주차장, 도로관리사업소, 도로상의 방설시설 또는 제설시설, 휴게시설 및 대기실, 육교, 방음시설 등
철도사업법	철도
도시철도법	도시철도 : 철도·모노레일·노면전차 등
철도산업발전기본법	철도시설 : 선로, 역시설, 교육훈련시설, 주차장 등
항만법	항만시설 : 도로, 교량, 대합실, 창고 등; 해양박물관, 해양전망대 등 항만친수시설
항공법	공항시설 : 여객터미널, 화물처리시설, 관제소, 도심공항터미널
댐건설 및 주변지역지원 등에 관한 법률	다목적 댐
수도법	중수도
하수도법	하수도, 공공하수처리시설, 분뇨처리시설
하천법	하천시설 : 제방, 댐, 하구둑, 저류지, 배수펌프장, 수문, 운하, 안벽, 선착장, 갑문 등
어촌·어항법	어항시설 : 방파제, 제방, 수산물시장, 어항편익시설
폐기물관리법	폐기물처리시설
전기통신기본법	전기통신설비
전원개발촉진법	전원설비
도시가스사업법	가스공급시설
집단에너지사업법	집단에너지시설
정보통신망이용촉진 및 보호등에 관한 법률	정보통신망
물류시설의 개발 및 운영에 관한 법률	물류터미널 및 물류단지
여객자동차운수사업법	여객자동차터미널
관광진흥법	관광지 및 관광단지
주차장법	노외주차장
도시공원 및 녹지 등에 관한 법률	도시공원
수질 및 수생태계 보전에 관한 법률	폐수종말처리시설
가축분뇨의 관리 및 이용에 관한 법률	공공처리시설
자원의 절약과 재활용촉진에 관한 법률	재활용시설
체육시설의 설치·이용에 관한 법률	전문체육시설 및 생활체육시설
청소년활동진흥법	청소년수련시설
도서관법	도서관
박물관 및 미술관 진흥법	박물관, 미술관
국제회의산업육성에 관한 법률	국제회의시설
국가통합교통체계효율화법	지능형교통체계
국가지리정보체계의구축및활용등에관한법률	지리정보체계
국가정보화 기본법	초고속정보통신망
과학관육성법	과학관
유아교육법, 초·중등 교육법, 고등교육법	유치원 및 학교
군사기지 및 군사시설 보호법	군인 또는 그 자녀의 주거시설 및 부속시설
임대주택법	공공임대주택
영유아보육법	노인주거복지시설, 노인의료복지시설, 재개노인복지시설
노인복지법	보육시설
공공보건의료에 관한 법률	공공보건의료에 관한 시설
신항만건설촉진법	신항만건설사업의 대상이 되는 시설
문화예술진흥법	문화시설
산림문화·휴양에 관한 법률	자연휴양림
수목원 조성 및 진흥에 관한 법률	수목원
유비쿼터스도시의 건설 등에 관한 법률	유비쿼터스 도시기반시설
국가통합교통체계효율화법	국가기간복합환승센터, 광역복합환승센터, 일반복합환승센터

SOC 사업의 경관심의 개요

2. SOC의 경관문제 : 자연경관을 훼손한다

SOC 사업의 경관심의 개요

2. SOC의 경관문제 : 기능만을 고려한다

SOC 사업의 경관심의 개요

2. SOC의 경관문제 : 위압감을 준다

SOC 사업의 경관심의 개요

3. SOC 사업의 경관심의 대상(경관법 제26조, 영 제18조, 지침 2-1-1)

- **총사업비 500억원 이상인 도로·철도·도시철도시설 사업**
    - 「도로법」에 따른 도로 사업
    - 「철도건설법」에 따른 철도건설 사업
    - 「도시철도법」에 따른 도시철도시설 사업

- **총사업비 300억원 이상인 하천시설 사업**

- **지자체 조례로 정하는 규모 이상의 사회기반시설 사업**

- 지자체 조례로 도로, 철도, 하천 등의 규모를 달리 정할 수 있다.
- 공공기관에서 추진하는 사회기반시설 사업은 지자체 조례로 정하여 경관심의를 할 수 없다.
- 지자체 조례로 정하는 규모는 지자체별 사업추진 건수, 경관적인 중요도 등을 고려하여 결정

SOC 사업의 경관심의 개요

3. SOC 사업의 경관심의 대상(지자체 조례로 정하는 사회기반시설 사업)

▎서울특별시(2015.7)

도로법에 의한 도로로 총 사업비가 100억원 이상인 사업

도시철도법에 의한 도시철도시설로 총 사업비가 100억원 이상인 사업

하천법에 의한 하천시설로 총 사업비가 50억원 이상인 사업

민간투자법에 의한 시설 중 총 공사비 5억원 이상의 전원설비, 자전거이용시설, 생활체육시설

▎세종특별자치시(2015.9)

10억원 이상의 도로, 철도시설, 도시철도시설, 하천시설
여객자동차터미널, 노외주차장, 자전거이용시설, 도시공원 및 광장, 경관조명공사

▎용인시(2014.5)

도로법에 의한 도로로 총 사업비가 300억원 이상인 사업

하천법에 의한 하천시설로 총 사업비가 100억원 이상인 사업

SOC 사업의 경관심의 개요

4. SOC 사업의 경관심의 주체(경관법 제26조, 영제18조)

- **국가 승인 사업**은 <u>국토교통부 경관위원회에서 심의</u>
- **지자체 승인 사업**은 해당 <u>지자체 경관위원회에서 심의</u>
- **사회기반시설 유형별 심의 주체**
  - 도로 사업 : 도로관리청 소속으로 설치한 경관위원회
  - 철도시설 및 도시철도시설 사업 : 국토교통부장관 소속으로 설치한 경관위원회
  - 하천 사업 : 하천관리청 소속으로 설치한 경관위원회

- **발주청에서 구성한 경관과 관련된 위원회의 심의를 거친 경우 (경관위원회 심의 생략)**
  - (기존 위원회 활용) 해당 위원회의 위원 중 건축·도시·조경·환경 등 경관 관련 전문가가 전체 위원 수의 3분의 1 이상, 3명 이상이 경관 심의에 참여
  - (신규 위원회 구성) 발주청 경관 관련 업무 담당자, 2/3 이상의 건축·도시·조경·토목·교통·환경·문화·농림·디자인·옥외광고 등 경관계획 관련 분야 전문가 참여
  - 발주청은 심의결과를 15일 이내에 해당 경관위원회에 제출

SOC 사업의 경관심의 개요

4. SOC 사업의 경관심의 주체(지자체)

▎사회기반시설

국도, 국가하천 - 지방국토관리청 기술자문위원회

고속도로 - 한국도로공사 기술자문위원회

철도, 도시철도시설 - 한국철도시설공단 기술자문위원회

댐, 하천 - 한국수자원공사 기술자문위원회

▎서울시

경관위원회의 부재로 관련위원회에서 경관심의 대상별로 구분하여 운영

사회기반시설은 디자인위원회에서 경관심의

(서울과 남양주를 잇는 도시철도를 건설하면서, 서울시에 있는 철도차량기지를 매각하여 남양주에 철도차량기지를 건설하는 경우에 어디에서 심의를 받아야 하는지?)

SOC 사업의 경관심의 개요

5. SOC 사업의 경관심의 시기(경관법, 지침 2-2-1)

- **도로, 철도, 도시철도시설**
  - 원칙적으로 기본설계 완료 전 실시
  - 기본설계를 하지 아니하거나, 기본설계 단계에서의 계획의 구체성이 부족한 경우, 기본설계의 내용을 포함하여 실시설계를 하는 경우 실시설계 완료 전

- **하천시설**
  - 하천공사시행계획 수립 전 또는 하천관리청이 아닌 자가 시행하는 경우는 허가 전

- **경관심의 이후** 경관에 관한 주요 사항이 변경된 경우, 검토·자문·심의 등 추가실시

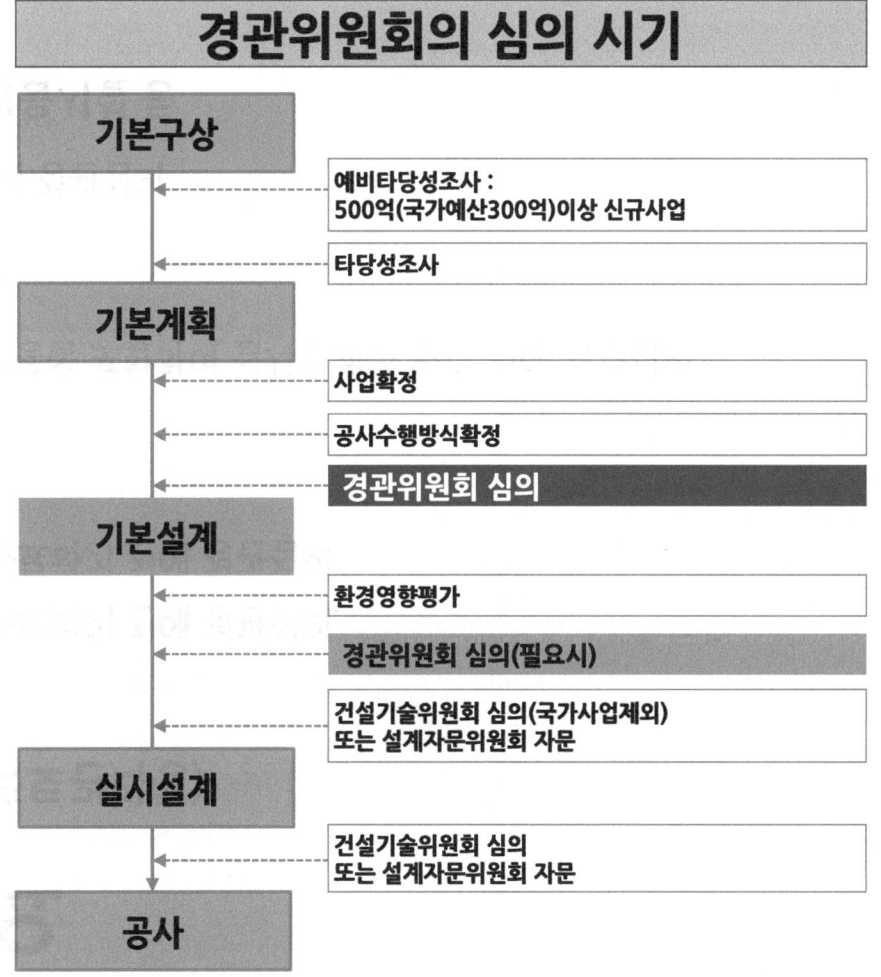

SOC 사업의 경관심의 개요

5. SOC 사업의 경관심의 시기(부산지방국토관리청)

「도로법」에 따른 도로
- 「건설기술관리법 시행령」 제60조에 따른 기본설계를 완료하기 전에 경관심의
- 「건설기술관리법 시행령」 제60조에 따른 실시설계를 완료하기 전에 경관심의
- 시공을 완료하기 전에 경관자문
- 유지관리 초기단계에 경관자문
- 단, 기본설계를 하지 아니하는 경우에는 기본설계의 내용을 포함하여 실시설계를 완료 전에 경관심의

「하천법」에 따른 하천시설
- 하천법시행령 제26조에 의한 실시설계를 완료하기 전에 경관심의

도로 및 하천에 인접하거나 횡단하는 도로, 교량, 방음시설 등
- 실시설계 초기에 경관자문
- 실시설계를 완료하기 전에 경관자문

그 밖에 필요하다고 인정하는 사업이나 시설
- 사업 및 설계를 완료하기 전에 경관심의, 경관자문, 경관협의

SOC 사업의 경관심의 개요

6. SOC 사업의 경관심의 기준(지침 2-3-1)

- **주요 심의기준**
    - 현황조사 및 분석 : 대상지와 주변 경관자원 및 경관특성에 대한 분석
    - 기본구상 : 규모, 노선, 선형, 구조 계획 / 구간, 영역별 설계방향 / 주요 장소의 설계방향
    - 주요 시설의 설계방향 : 경관상 중요한 시설의 규모, 배치, 형태 등의 설계 방향

- **체크리스트로 심의기준을 운용**
    - 원활한 심의운용을 위해 체크리스트를 활용
    - 체크리스트는 사업자용과 심의위원용이 있음
    - 사업자는 체크리스트를 제출, 심의위원은 체크리스트로 심의

- **사업특성 및 지역여건 등에 따라 <u>별도의 기준마련 가능</u>**
    - 체크리스트 예시는 포괄적 내용이며 지자체마다 상황이 다르기 때문에 별도 마련

SOC 사업의 경관심의 개요

6. SOC 사업의 경관심의 기준(유형별 경관심의 체크리스트)

[별지 제3호 서식] **도로의 경관체크리스트(사업자용)**

구분	검토항목	반영	미반영	해당 없음
기본방향	주변 경관과 조화되는 도로 조성			
	자연환경을 고려한 지속가능한 도로 조성			
	시각적 연속성과 조망을 고려한 도로 조성			
기본구상	도로 선형은 주변의 도시구조 및 경관요소와 조화를 고려하여 계획			
	산지, 구릉, 수변 등 지형적 특성을 고려하여 도로선형과 도로구조를 계획			
	유연한 주행 및 보행행태를 고려한 변화감 있는 연속경관 계획			
	도로 주변의 자연환경, 건축물, 인공물 등의 규모를 고려하여 지역주민들에게 위화감을 주지 않는 적정한 규모 계획			
	공원 및 녹지 등 지역의 주요 공공공간과 기존 도로망과의 연계를 고려하여 계획			
주요시설 설계방향	도로가 교차되는 곳, 주요 진입부 등은 방향성이 쉽게 인지되도록 설계			
	이동속도에 따라 도로의 연속성을 인지할 수 있도록 시설물의 배치, 규모 등을 계획			
	주요 시설물의 규모와 비례, 재료, 색채 등은 도로 주변의 자연환경, 건축물, 인공물 등의 규모를 고려하여 조화를 이루도록 설계			
	주행자의 안전한 운행을 위한 시각적 연계성 및 조망을 고려하여 도로에서 외부로의 시각적 개방감을 확보			
	이동경로에 따른 경관의 연속성 및 일관성이 유지되도록 설계			
	가로등, 신호등, 전신주, 도로표지판, 시설안내판 등 가로시설물은 보행환경 및 경관을 고려하여 통합지주로 계획			
	가로시설물 및 주변시설물이 전체적으로 통일감을 가지도록 설계			
야간경관계획 (필요시)	야간조명은 도로이용자의 안전과 기능을 고려하고 도시의 전체적인 야간경관을 고려하여 일관성이 유지되도록 계획			
	해당 시설 및 공간의 특성을 고려하여 디자인하되, 과다한 연출은 지양			

* 반영한 경우 해당 페이지 명기, * 미반영 또는 해당없음에 대한 구체적인 설명, 특별히 강조하고자 하는 사항에 대한 부연 설명을 작성

SOC 사업의 경관심의 개요

6. SOC 사업의 경관심의 기준(유형별 경관심의 체크리스트)

▎철도시설의 경관체크리스트(사업자용)

구분	검토항목	반영	미반영	해당없음
기본방향	지역경관의 특성과 주변지역의 경관을 고려한 아름다운 철도 조성			
	경관의 시각적 연속성과 조망성이 확보되는 철도 조성			
	지역경관을 선도하는 관문으로서 인지가 쉽고 이용이 편리한 철도역사 조성			
기본구상	철도선형은 주변의 도시구조 및 경관요소와의 조화를 고려하여 계획			
	산지, 구릉, 수변 등 지형적 특성을 고려하여 철도 선형과 구조를 계획			
	유연한 주행과 변화감 있는 연속경관(시퀀스)을 즐길 수 있는 선형계획			
	철도 주변의 자연환경, 건축물, 인공물 등의 규모를 고려하여 지역주민들에게 위화감을 주지않는 적정한 규모(스케일) 계획			
	철도가 통과하는 지역의 녹지 등 공공공간과 기존 철도망, 도로망 등과의 연계를 고려하여 계획			
주요시설 설계방향	주요시설물의 규모와 비례, 재료, 색채 등은 철도 주변의 자연환경, 건축물, 인공물 등의 규모를 고려하여 조화를 이루도록 설계			
	역사 및 교량, 터널 등 인공구조물은 시각적 개방감을 확보할 수 있도록 주변으로의 조망을 고려하여 디자인			
	철도역사는 지역의 고유한 자연 및 역사, 문화적 자원 등과 연계하여 지역의 특색이 나타나도록 계획			
	역사의 외부공간은 이용자의 편의를 고려하여 문화교류, 만남, 모임, 휴식 등의 활동이 이루어질 수 있도록 디자인			
야간경관계획 (필요시)	야간조명은 이용자의 안전과 다양한 활동을 고려하여 디자인하되, 과다한 연출은 지양			
	역사와 주변 건축물 및 각종시설물의 조명은 주변 경관을 저해하지 않고 상호 조화를 이루도록 디자인			

* 반영한 경우 해당 페이지 명기, * 미반영 또는 해당없음에 대한 구체적인 설명, 특별히 강조하고자 하는 사항에 대한 부연 설명을 작성

SOC 사업의 경관심의 개요

6. SOC 사업의 경관심의 기준(유형별 경관심의 체크리스트)

▌하천시설의 경관체크리스트(사업자용)

구분	검토항목	반영	미반영	해당없음
기본방향	주변의 경관과 연계되고 조화로운 하천경관을 형성			
	하천의 시각적인 연속성과 조망이 확보되도록 하천경관을 형성			
	친수공간은 접근성과 쾌적성을 고려하여 조성			
기본구상	하천의 미지형을 최대한 살리고 주변 경관과 시각적 연속성을 갖도록 계획			
	기존 오픈스페이스 및 공원 녹지와 연계하여 계획			
	주요 조망지점에서부터 하천으로의 조망권을 확보할 수 있도록 시각적인 조망축을 설정하여 하천으로의 개방감을 확보			
	하천구역과 주변의 토지이용, 도로, 건축물 등을 연계하여 일체적으로 계획			
	계절적 변화와 시간에 따라 변화하는 다양한 하천경관을 연출			
주요시설 설계방향	하천 내 인공시설물 설치를 지양하되, 불가피하게 인공구조물을 설치할 경우 과도한 디자인을 지양하고, 자연경관 변화를 최소화			
	공공시설물 등 하천 관련 시설물을 일관성 있게 디자인			
	친수공간을 조성하거나, 조망점, 하천트레일을 정비하는 경우에는 보행자의 접근성을 고려하여 설치			
	인공구조물은 시각적 개방감을 확보할 수 있도록 조망을 고려			
	댐 공간 및 부속시설은 경관 및 기능, 생태적 특성을 고려하여 디자인			

* 반영한 경우 해당 페이지 명기, * 미반영 또는 해당없음에 대한 구체적인 설명, 특별히 강조하고자 하는 사항에 대한 부연 설명을 작성

SOC 사업의 경관심의 개요

6. SOC 사업의 경관심의 기준(사업특성별 체크리스트 마련)

국토교통부 - 도로설계편람_경관설계

부산지방국토관리청 - 도로경관 가이드

해양수산부 - 마리나 경관가이드라인

문화재청 - 문화유산 공공디자인 가이드라인
　　　　　문화유산 공공디자인 매뉴얼(민속마을, 서원향교, 사찰 등)

한국도로공사 - 고속도로 디자인 가이드라인
　　　　　고속도로 디자인 매뉴얼
　　　　　(교량, 터널, 방음벽, 휴게소, 절토사면, 부대시설 등)

한국수자원공사 - K-water 경관디자인 가이드라인
　　　　　K-water 경관디자인 매뉴얼 (댐, 단지, 수도, 하천, 공공시설물)

지자체 경관디자인 가이드라인

SOC 사업의 경관심의 개요

6. SOC 사업의 경관심의 기준(사업특성별 체크리스트 예시)

▌한국도로공사(방음벽 체크리스트-일반형)

평가결과	적용	부분적용	미적용	해당사항없음
평가점수	2	1	0	-

항목	체크리스트	코드	평가
기본 구상	방음벽의 노선특성, 설치위치, 지역적 특성 등을 고려하여 테마를 설정한다.	G1	
	주변의 산, 강 등의 조망 경관요소가 있는지 검토한다.	G2	
	동일한 설치구간에는 동일한 유형으로 계획한다.	G3	
	주변 산세 또는 주요 건축물 등의 스카이라인을 고려하여 리듬감을 부여할 수 있다.	G4	
규모 디자인	방음벽의 높이와 연장을 고려하여 디자인의 세부방향을 설정한다.	G5	
	설정된 높이 기준에 준하여 경관적 측면에서의 형식을 검토한다.	G6	
배치 디자인	주변 생태환경과 설치여건을 고려하여 배치계획을 수립한다.	G7	
형태 디자인	동일한 방음벽 설치구간에서의 지주는 동일한 유형, 간격으로 계획한다.	G8	
	지주는 노출을 최소화하여 쾌적한 도로경관을 조성한다.	G9	
	방음벽의 시·종점부는 사선 또는 계단식의 형태로 자연스럽게 처리한다.	G10	
	방음벽의 후면이 외부에서 인지도가 높다면 미관적 처리를 계획한다.	G11	
	친환경적 방음벽 이미지 연출을 위하여 녹화계획을 반영한다.	G12	
	가급적 방음벽의 높이, 연장을 동일하게 유지하여 시각적 불안감과 피로감을 줄인다.	G13	
	방음벽의 상단부는 가볍게 처리하여 시각적 위압감을 줄인다.	G14	
	상단부의 끝단은 가급적 단차가 생기지 않도록 한다.	G15	
	상단부의 단차이 구간은 사선처리하거나 계단식의 처리로 일체감을 가지도록 한다.	G16	
	간섭형(소음감쇄기 장착) 방음벽의 경우 방음벽과의 일체감을 가지도록 한다.	G17	
	절곡형 방음벽의 경우 높이 변화구간의 일체감을 유지한다.	G18	

▌방음벽 체크리스트 예시

노선명	위치	제원
영동 고속도로	신갈분기점 동백지구	높이 :약 15m, 혼합 형(투명, 알루미늄, PVC, 소음감쇄기

항목	체크리스트	코드	평가
기본 구상	방음벽의 노선특성, 설치위치, 지역적 특성 등을 고려하여 테마를 설정한다.	G1	1
	주변의 산, 강 등의 조망 경관요소가 있는지 검토한다.	G2	2
	동일한 설치구간에는 동일한 유형으로 계획한다.	G3	2
	주변 산세 또는 주요 건축물 등의 스카이라인을 고려하여 리듬감을 부여할 수 있다.	G4	0
규모 디자인	방음벽의 높이와 연장을 고려하여 디자인의 세부방향을 설정한다.	G5	2
	설정된 높이 기준에 준하여 경관적 측면에서의 형식을 검토한다.	G6	2
배치 디자인	주변 생태환경과 설치여건을 고려하여 배치계획을 수립한다.	G7	0
형태 디자인	동일한 방음벽 설치구간에서의 지주는 동일한 유형, 간격으로 계획한다.	G8	2
	지주는 노출을 최소화하여 쾌적한 도로경관을 조성한다.	G9	0
	방음벽의 시·종점부는 사선 또는 계단식의 형태로 자연스럽게 처리한다.	G10	2
	방음벽의 후면이 외부에서 인지도가 높다면 미관적 처리를 계획한다.	G11	1
	친환경적 방음벽 이미지 연출을 위하여 녹화계획을 반영한다.	G12	0
	가급적 방음벽의 높이, 연장을 동일하게 유지하여 시각적 불안감과 피로감을 줄인다.	G13	2
	방음벽의 상단부는 가볍게 처리하여 시각적 위압감을 줄인다.	G14	2
	상단부의 끝단은 가급적 단차가 생기지 않도록 한다.	G15	2
	상단부의 단차이 구간은 사선처리하거나 계단식의 처리로 일체감을 가지도록 한다.	G16	2
	간섭형(소음감쇄기 장착) 방음벽의 경우 방음벽과의 일체감을 가지도록 한다.	G17	2
	절곡형 방음벽의 경우 높이 변화구간의 일체감을 유지한다.	G18	-

SOC 사업의 경관심의 개요

6. SOC 사업의 경관심의 기준(사업특성별 체크리스트 예시)

부산지방국토관리청(선형계획가이드)

항목	가이드
일반사항	- 주변 경관자원을 활용하고, 지형변화를 최소화하며, 토지이용과의 조화를 도모한다. - 도로 이용자에게 시각적 흥미를 유발시키는 경관적 변화와 연속경관을 고려한다. - 통과지역의 주요 조망점과 조망대상을 고려하여 조망권이 확보되도록 한다.
주행경관	- 선형계획에서는 주행성을 높이고 주행의 안전성을 확보하도록 한다. - 평면과 종단의 조합을 고려하고 연속적, 입체적으로 매끄러운 선형이 되도록 한다. - 도로 내·외부의 경관을 고려하여 지형이나 연도환경과의 조화를 도모한다.
랜드마크	- 선형은 적당한 곡선을 사용하여 유명한 산, 건축물 등의 랜드마크가 변화 있게 조망되도록 선형의 방향성을 계획한다. - 경관변화가 적은 도로에서는 랜드마크가 보였다 안보였다 하거나 조망의 방향이 변화하는 등 매력적인 경관이 연출되도록 한다. - 주변의 토지이용을 고려하여 조망성이 높은 구간에서는 교차로 또는 T자 교차 등의 모양으로 연결시켜 시각적 조망대상을 조망할 수 있는 구조로 계획할 수 있다.
교차로	- 계획노선이 기존 도로, 하천 등과 교차하는 경우에는 직각으로 교차시켜 이용자에게 안정감을 주도록 선형을 계획한다. - 교차부분에 입체시설 등 구조물이 설치된 경우에는 구조물의 디자인과 공간이 자연스럽게 연계되도록 한다. - 교차부 전·후의 선형을 고려하고 유휴공간을 경관구성요소로 활용하도록 한다.
녹지지역	- 산간지역을 통과하는 경우에는 내·외부의 경관을 고려하여 상·하행선을 분리하거나 고저차를 계획하여 중앙분리대에 기존 수림을 도입하는 등 외부경관의 보전을 계획한다. - 우수한 경관지역이나 대규모 비탈면이 발생하는 지역에서는 교량, 고가형식, 흙쌓기 형식, 터널 등을 검토하여 자연훼손을 최소화하고 주요 조망지점에서의 경관보전을 위한 선형계획을 한다. - 산림을 통과하는 경우 산지를 분단하는 직선의 통과는 가능한 피하고 적당한 곡선부를 도입하여 산림의 깊이를 느끼게 하는 선형을 계획한다.
수변지역	- 수변을 통과할 경우에는 수변으로의 조망권이 확보되도록 선형을 계획한다. - 이용자에게 동일방향의 수면조망이 지속되면 단조로움이 생기기 쉬우므로, 도로를 수변과 이격시켜 수목사이로 수면을 조망할 수 있도록 선형계획을 한다.
생활지역	- 전원지역에서는 적당한 곡선이나 완만한 종단의 변화를 주어 주행성과 운전자 시야에 변화를 준다. - 전원지역에서는 지속적인 직선은 피하고 광활한 전원경관의 단절이 생기지 않도록 고려한다. - 도심지에서는 기존 도로망과의 정합성과 자연스러운 연계를 고려하여 선형계획을 한다. - 도심지역의 상징이 되는 도로는 직선적으로 하고 기복이 적은 선형을 계획한다. - 주거지에서는 완만한 곡선을 도입하여 도로의 깊이를 느끼게 하는 선형계획을 한다.
역사문화지역	- 역사문화지역은 문화재, 유적, 사찰 등에 미치는 영향을 최소화하는 선형을 계획한다. - 역사지역 통과구간에서는 설계속도를 낮추어 주변지역으로의 조망을 확보하는 선형을 계획한다.

선형계획 예시

SOC 사업의 경관심의 개요

7. SOC 사업의 경관심의 도서(지침 2-4-1)

■ 심의도서 작성내용

- 표지 : 사업명, 재심여부, 제출일 등
- 목차 : 심의도서 내용의 순서
- 사업개요 : 사업위치, 사업기간, , 추진경위 등을 기술
- 현황조사 및 분석 : 경관관련계획, 경관자원 및 경관특성에 대한 조사 및 분석
- 기본구상 : 선형 및 구조, 구간 또는 영역별, 경관 주요 장소의 설계방향
- 주요 시설의 설계방향 : 주요 시설의 규모, 배치, 형태 등의 설계방향
- 사전검토결과 또는 경관심의결과

■ 심의도서 작성방법

- 용지규격은 A4로 하고 30면 이내
- 심의도서는 계획내용을 간결하게 표현하고 시각화 하여 작성
- 자료는 최신자료의 사용, 출처를 명시
- 도면은 계획대상과 범위를 명확하게 구분하고, 이해가 쉽도록 작성
- 구체적인 자료는 부록으로 제출

SOC 사업의 경관심의 원칙

SOC 사업의 경관심의 원칙

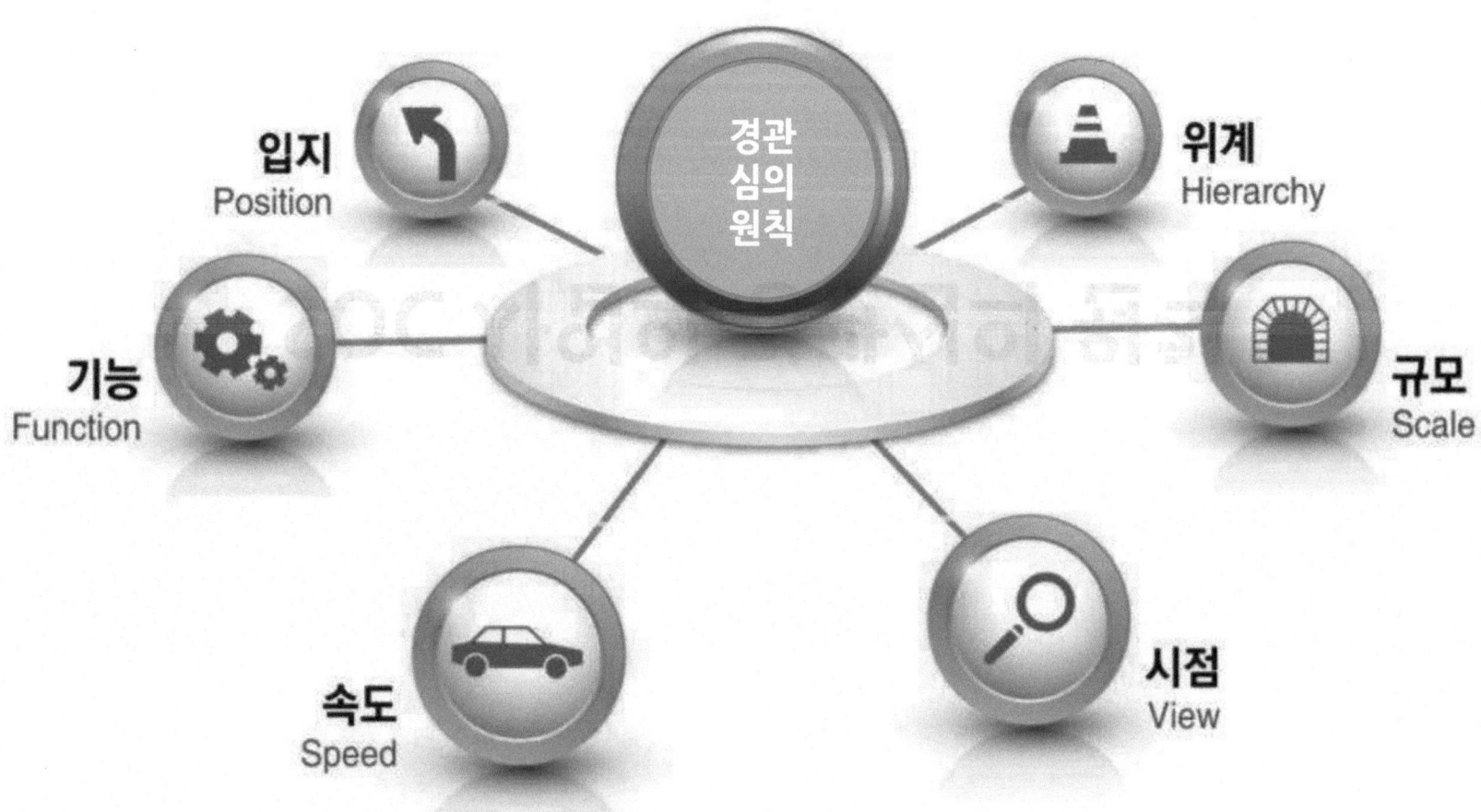

SOC 사업의 경관심의 원칙

1. 자연성 : 자연을 최대한 보존하고 보호한다

자연을 최대한 보존할 수 있도록 시설을 배치하고 공법을 선택한다

부득이한 경우 자연훼손을 최소화하고 원 상태에 가깝게 복원할 수 있도록 한다

SOC 사업의 경관심의 원칙

2. 기능성 : 시설물의 기능을 중시한다

SOC는 구조적 안정성을 우선하는 시설로서 기능에 따라 디자인 범위가 제한적이다
도로의 차선폭원, 교량의 통과높이, 방음벽의 소음기준, 가로등의 조도기준 등

SOC 사업의 경관심의 원칙

3. 속도성 : 대상을 이용하는 속도에 따른다

대상별로 이용속도가 시속 4km, 40km, 80km, 100km 등의 차이가 있다

속도가 빠를수록 시야가 좁아지고, 시거리가 길어지며, 규모가 큰 것만 인지된다

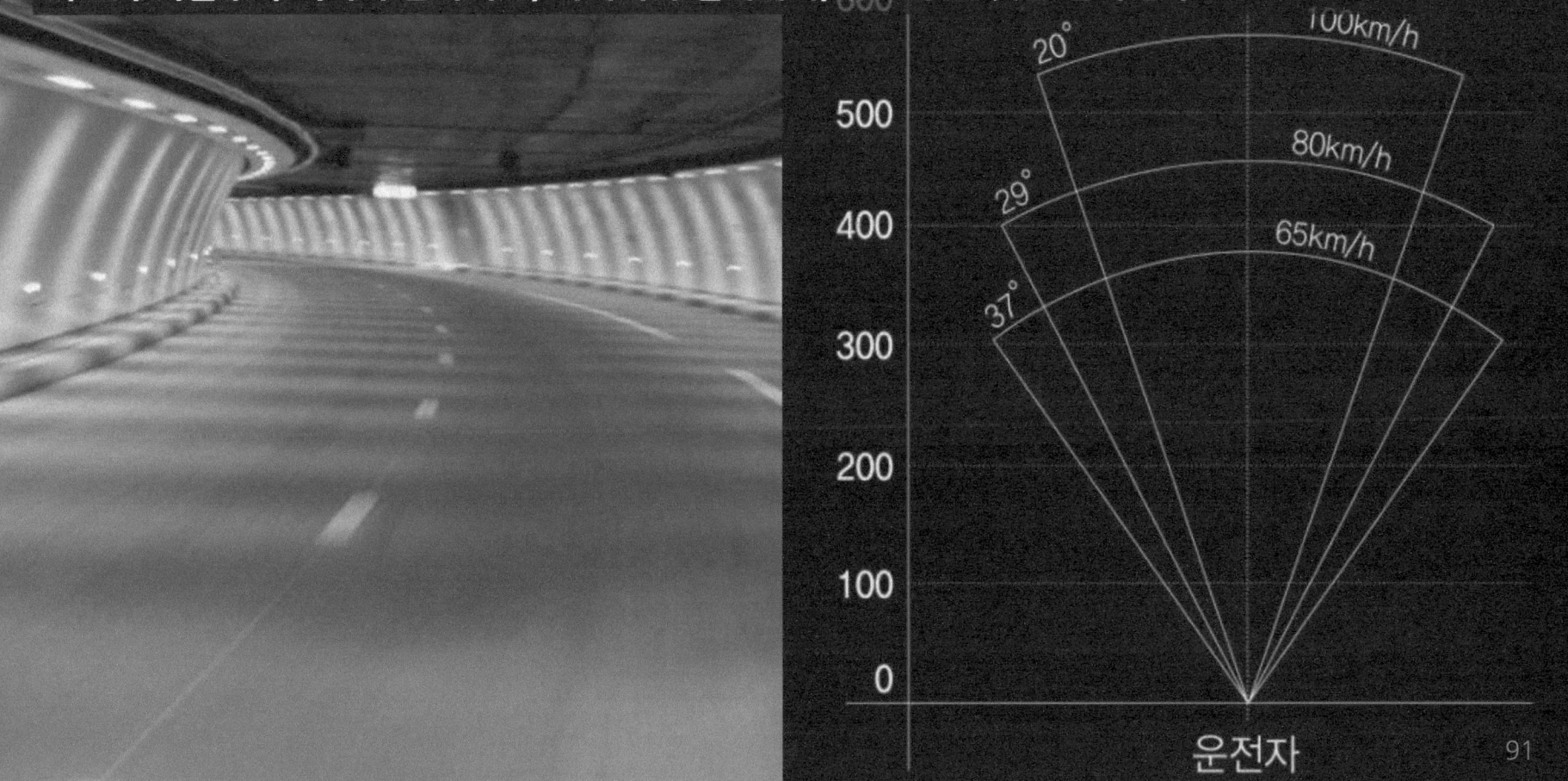

SOC 사업의 경관심의 주안점

도로사업의 경관심의 주안점

계획대상개요	1. 심의대상의 유형을 고려한다. 2. 대상사업의 특성을 고려한다.
경관현황분석	3. 경관자원 및 특성을 고려한다. 4. 조망적 특성과 경관영향을 파악한다.
경관기본방향	5. 기본방향과 목표를 검토한다.
경관기본구상	6. 도로노선은 주변경관을 고려하여 계획한다. 7. 도로선형과 도로횡단을 위화감을 주지 않도록 한다.
주요시설 설계방향	8. 도로구조 및 조망특성을 고려한 시설물계획을 한다. 9. 주요 공공공간을 기존 도로망과 연계하여 계획한다. 10. 도로의 기능과 전체 이미지를 고려한 야간조명을 계획한다.(필요시)

도로사업의 경관심의 주안점

1. 도로의 유형을 고려하였는가?

도로사업 대상의 기능과 유형에 따른 특성을 사전에 고려한다.

도로사업의 경관심의 주안점

2. 대상사업의 특성을 고려하였는가?

해당 사업구간과 적용 시설물에 대한 특성과 위계를 정립한다.

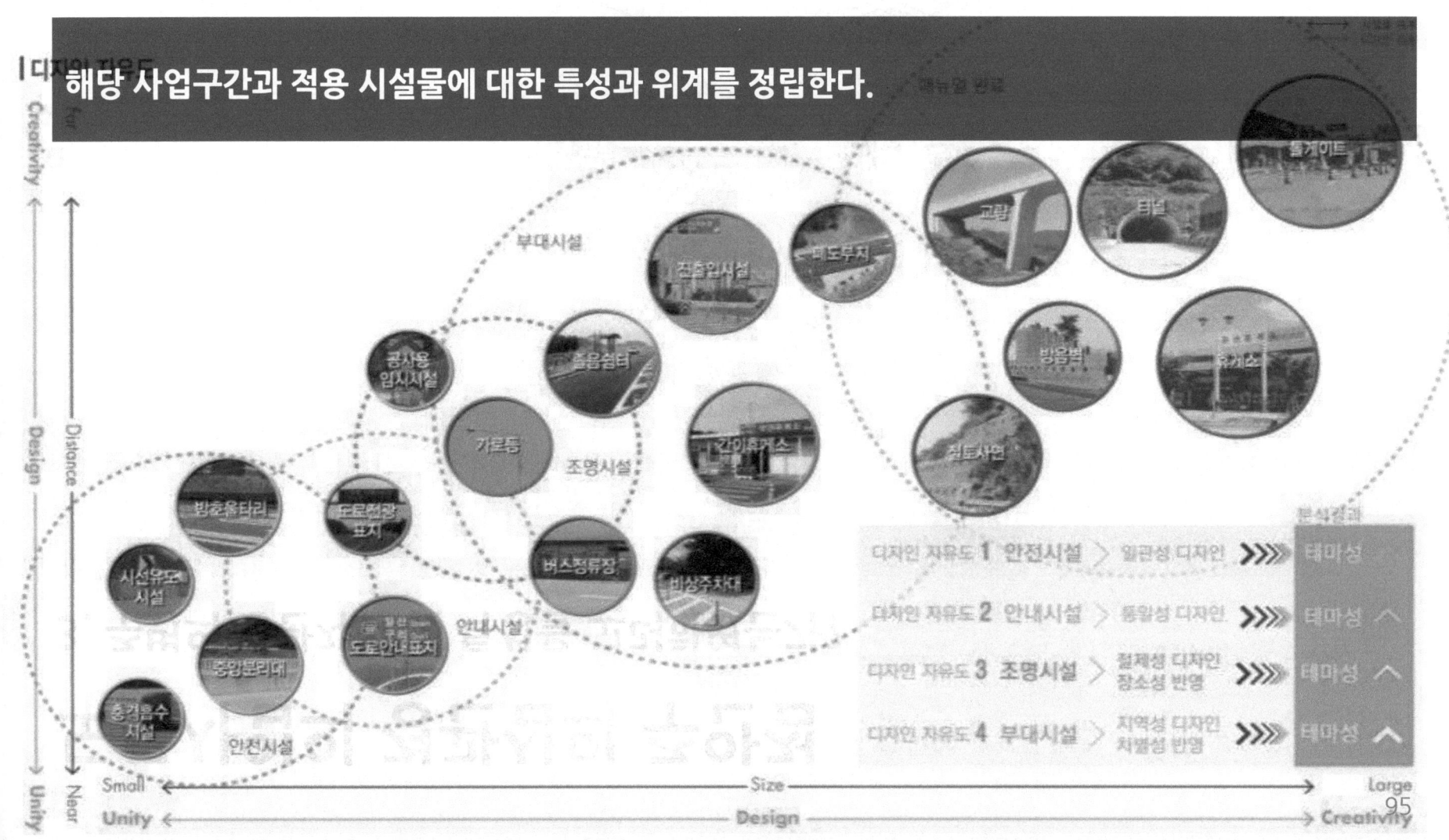

도로사업의 경관심의 주안점

3. 주변의 경관자원 및 특성을 고려하였는가?

도로사업이 펼쳐지는 지역의 자연경관 및 인문경관 등을 거시적 미식적으로 이해한다.

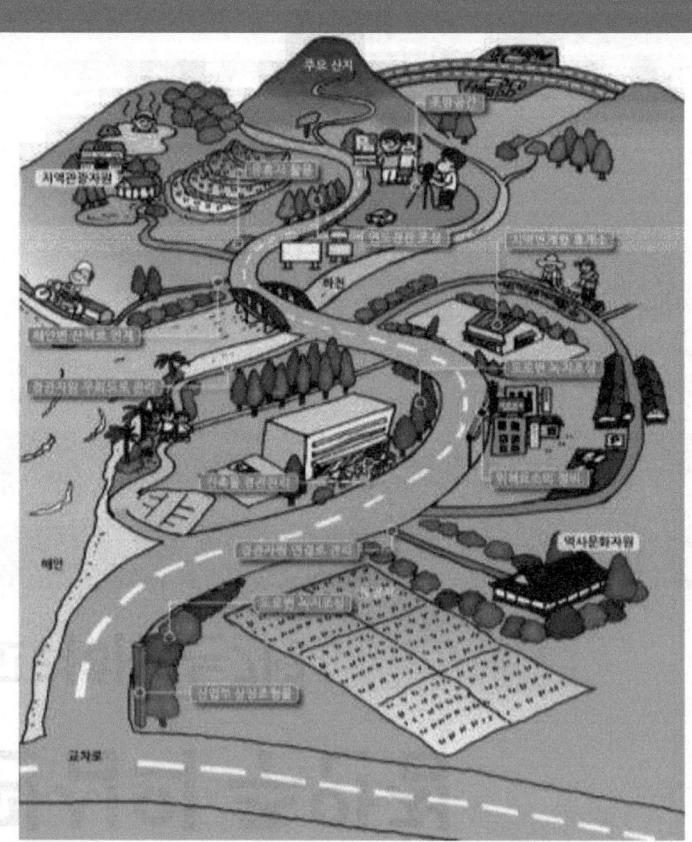

도로사업의 경관심의 주안점

4. 주변의 조망적 특성과 경관영향을 파악하였는가?

개설도로의 예상노선 주변에 위치한 보전자원과 랜드마크를 파악한다.
보전해야 할 자원을 통과하지 않도록 하고 조망대상을 고려한 노선을 계획한다.

도로사업의 경관심의 주안점

5. 기본방향과 목표를 설정하였는가?

도로 전체구간에 일관된 방향과 목표를 설정한다.
기본방향에 따른 구간 및 시설별 연출방향을 계획한다.

도로사업의 경관심의 주안점

5. 노선을 선정하고 계획방향을 검토하였는가?

도로노선은 경관자원을 보존, 활용, 창출할 수 있도록 선정한다.
지형에 순응하는 노선을 선정하고 선형이 되도록 한다.

도로사업의 경관심의 주안점

6. 도로선형과 횡단을 위화감을 주지 않도록 계획하였는가?

지형변형으로 저감시키는 종단 및 선형계획을 한다.
노선의 상하행 고저분리를 실시함으로서 절토면을 최소화한다.

· 출처 : YTN NEWS 2016.5.5

도로사업의 경관심의 주안점

7. 구조물 및 시설물의 계획방향을 검토하였는가?

도로이용자와 지역주민들에게 위압감을 주지 않는 규모(휴먼스케일)로 계획한다

구조물의 부속시설물 및 부대시설물이 본체와 조화되도록 한다

도로사업의 경관심의 주안점

8. 도로 내 녹음율을 높이는 계획을 도입하였는가?

중앙분리대에 최대한 녹지를 도입할 수 있도록 한다.
녹지대의 배치, 기능을 고려하여 다양한 녹화방법을 고려한다.

도로사업의 경관심의 주안점

9. 도로주변의 여유공간을 활용하였느가?

도로개설로 발생하는 짜투리공간의 활용방안을 모색한다.
유휴지를 이용자에게 다양한 볼거리를 제공할 수 있는 문화공간으로 계획한다.

도로사업의 경관심의 주안점

10. 이용자를 위한 휴식공간을 검토하였는가?

이용자에게 쾌적한 도로환경을 제공할 수 있는 휴게소 등을 계획한다.
휴게소 이외에도 졸음쉼터, 쌈지공간 등의 휴식가능공간을 마련하고 공간별로 차별화한다.

하천사업의 경관심의 주안점

계획대상개요	1. 심의대상의 유형을 고려한다. 2. 대상사업의 특성을 고려한다.
경관현황분석	3. 경관자원 및 특성을 고려한다. 4. 조망적 특성과 경관영향을 파악한다.
경관기본방향	5. 기본방향과 목표를 검토한다.
경관기본구상	6. 하천선형과 하천단면을 주변지역과 연계되도록 검토한다. 7. 물의 다양한 연출기법을 검토한다. 8. 하천구역을 변화 있게 연출한다.
주요시설 설계방향	8. 하천구조물은 위계에 따라 계획한다. 9. 친수공간 및 친수시설 등의 계획을 검토한다. 10. 인공시설물은 최소화하고 일관성 있게 검토한다.

하천사업의 경관심의 주안점

1. 하천선형을 주변과 연계되도록 계획하였는가?

하천의 평면은 직선적인 형태보다는 곡선적인 형태로 한다

하천사업의 경관심의 주안점

2. 하천단면을 주변과 연계되도록 계획하였는가?

하천의 단면은 주변 토지이용에 따른 이용행태를 반영한 계획을 한다.
친수성을 높이는 호안형상을 설정. 지역성을 고려한 패턴, 재료, 색채로 디자인한다.

상류구역

하류구역

하천사업의 경관심의 주안점

3. 물의 다양한 연출기법을 고려하였는가?

여울, 소, 둑, 보 등의 구조물을 활용하여 물을 디자인한다.
분수, 벽천 등의 시설물을 활용하여 물을 디자인한다.

하천사업의 경관심의 주안점

4. 하천구역을 변화있게 연출하였는가?

고수부지의 폭원을 조절하여 다양한 행태를 반영한다.
고수부지에서의 활동변화를 위한 선형디자인을 한다.

하천사업의 경관심의 주안점

5. 하천구조물은 위계에 따른 계획을 하였는가? -교량

주요 조망점에서의 개방감을 확보하는 디자인을 한다

교량이 여러 개가 설치되는 경우 디자인의 강약을 조절한다

하천사업의 경관심의 주안점

6. 하천구조물은 위계에 따른 계획을 하였는가?-보

수문, 고정둑, 기계실 등의 하천 구조물은 돌출되지 않도록 한다

시각적 개방감을 확보할 수 있도록 조망성을 고려한다

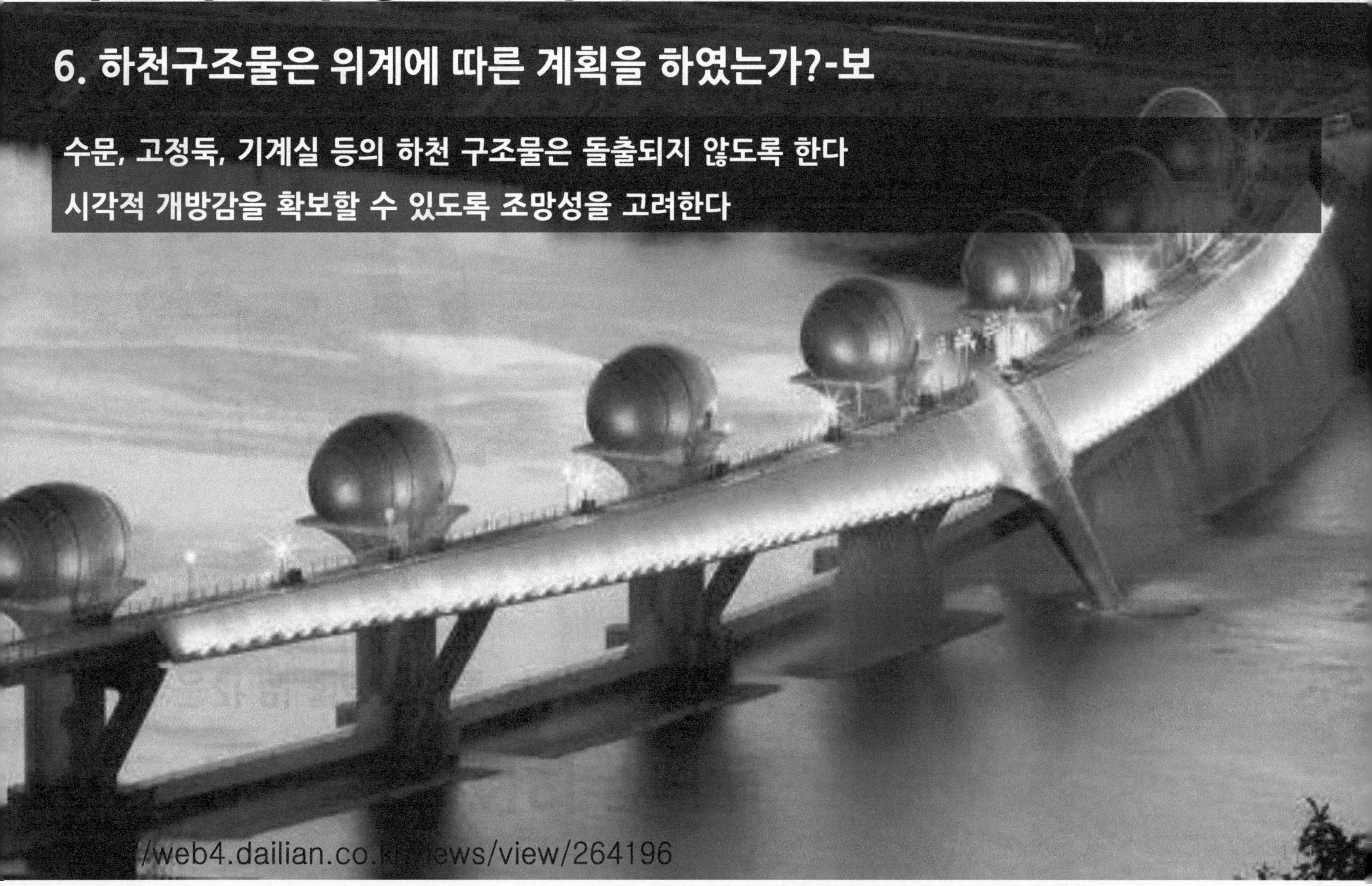

/web4.dailian.co.k ews/view/264196

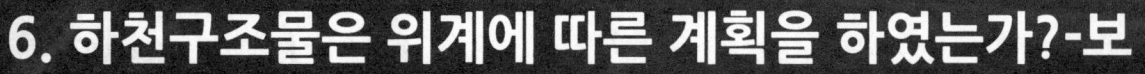

하천사업의 경관심의 주안점

7. 친수공간 및 친수시설을 확보하였는가?

친수성을 확보할 수 있는 공간 및 시설 등을 높이별로 계획한다.
친수공간, 조망공간 등을 마련하는 경우에는 보행접근성을 고려한다.

하천사업의 경관심의 주안점

8. 친수공간 및 친수시설을 확보하였는가?

친수성을 확보하기 위한 조망공간을 둔다.
조망공간을 높이에 따라 규모나 형태를 달리할 수 있다.

하천사업의 경관심의 주안점

9. 인공시설물은 역할에 따라 일관성있게 계획하였는가?

하천 내 인공시설물 설치를 지양하되, 불가피할 경우 경관변화를 최소화한다
시설물은 시각적 개방감을 확보할 수 있도록 조망성을 고려한다

하천사업의 경관심의 주안점

10. 인공시설물은 역할에 따라 일관성 있게 계획하였는가?

강조, 조화, 순응의 경관적 역할에 따른 건축물 디자인을 한다.

공공시설물 등 하천 관련 시설물은 일관성 있게 디자인한다.

교량의 경관심의 주안점

계획대상개요	1. 교량의 유형을 고려한다. 2. 교량의 위계적 특성을 고려한다.
경관현황분석	3. 주변 경관자원의 특성을 고려한다. 4. 조망적 특성과 경관영향을 파악한다.
경관기본방향	5. 교량의 연출방향을 검토한다.
경관기본구상	6. 교량의 형식과 주변지역 연계방안을 검토한다. 7. 조망특성에 따른 디자인을 검토한다.
주요시설 설계방향	8. 교량 유형과 위계에 따른 계획을 검토한다. 9. 교량의 규모, 형태, 재료, 색채계획을 검토한다. 10. 교량 부속시설의 일체적 시설물계획을 검토한다.

교량의 경관심의 주안점

1. 교량형식을 선정하였는가?

교량의 경관심의 주안점

2. 위압감을 최소화하는 교량을 디자인하였는가?

교량의 경관심의 주안점

3. 거더와 교각은 일체화되도록 디자인하였는가?

교량의 경관심의 주안점

4. 외부에서의 조망을 고려한 측면디자인을 하였는가?

교량의 경관심의 주안점

5. 날개벽은 입체감 있는 디자인을 하였는가?

교량의 경관심의 주안점

6. 난간, 교명주, 교대 등의 부속시설은 본체와 조화롭게 디자인하였는가?

교량의 경관심의 주안점

7. 교량색채는 순응, 조화, 강조의 연출에 따라 선정하였는가?

방음벽의 경관심의 주안점

계획대상개요	1. 심의대상의 유형을 고려한다. 2. 대상사업의 특성을 고려한다.
경관현황분석	3. 경관자원 및 특성을 고려한다. 4. 조망적 특성과 경관영향을 파악한다.
경관기본방향	5. 기본방향과 목표를 검토한다.
경관기본구상	6. 방음 기준에 따른 규모와 형식을 검토한다. 7. 조망적 특성에 따른 계획방향을 검토한다.
주요시설 설계방향	8. 시각적 개방감과 연속성 있는 계획을 검토한다. 9. 간결한 형태, 재료, 색채계획을 검토한다. 10. 녹음의 도입과 주변 시설과의 일체적 계획을 검토한다.

방음벽의 경관심의 주안점

1. 가급적 자연재료를 사용하였는가?

방음벽의 경관심의 주안점

2. 간결한 디자인으로 하였는가?

방음벽의 경관심의 주안점

3. 단조로움을 피하기 위한 입체감을 도모하였는가?

방음벽의 경관심의 주안점

4. 투명재는 개방성을 위하여 크기가 큰 것을 사용하였는가?

방음벽의 경관심의 주안점

5. 상징형 디자인의 선정은 일부에만 적용하였는가?

7-2
개발사업의 경관심의

집필자 : 윤은주, 김경인, 위재송

개발사업의 경관심의 개요

개발사업의 경관심의 개요

1. 경관심의 도입배경

사업별 특성이 없다

지역특성이 없이 획일적이다

대규모 사업으로 위압감이 있다

개발사업의 경관심의 개요

2. 경관심의 대상(면적기준) - 경관법(제27조)과 시행령(제19,20조)

6개 분야 총 30개 사업(시행령 별표)

- 도시지역 : 3만㎡ 이상 개발사업
- 도시지역 외: 30만㎡ 이상 개발사업
- 농어촌생활환경정비사업 : 20만㎡ 이상인 경우(용도지역상관없음)

> '도시지역'이라 함은「국토의 계획 및 이용에 관한 법률」에서 정한 용도지역을 말하며, 도시지역에는 주거, 상업, 공업, 녹지지역으로 구분되며, 도시지역 외에는 관리, 농림, 자연환경보전지역으로 구분됨

> '농어촌생활환경정비사업'이라 함은「농어촌정비법」에 따른 마을정비구역에서 시행하는 개발사업을 말함

- 심의 대상 중 **대상지 면적 30만㎡ 또는 연면적 20만㎡이상**인 경우는 **사전경관계획**을 수립해야 함. (령 제20조)
- **사전경관계획의 세부내용**은 경관심의운영지침(국토교통부) 내 **'대규모 개발사업의 사전경관계획 매뉴얼'**에 명시됨
- 사전경관계획 심의 시 '특별건축구역 지정 신청' 가능

개발사업의 경관심의 개요

3. 경관심의 주체

■ 개발사업별 관련기관 소속의 경관위원회에서 실시

중앙행정기관 승인사업	국토부 승인 사업	중앙도시계획위원회에서 심의
	타부처 승인 사업	관련기관 소속 경관위원회에서 심의 (경제자유구역위원회, 중앙산업단지계획심의위원회, 연구개발특구위원회, 중앙항만정책심의회 등)
광역/기초 지자체장 승인 사업		해당 지자체장 소속 경관위원회 또는 경관관련위원회에서 심의 (건축위원회, 지방도시계획위원회, 도시공원위원회 등 - 영 제22조 제2호)

- 도시개발사업 등은 지구지정 단계에서 경관심의를 거치므로, 해당 사업구역 내의 **주택건설사업**은 별도의 경관심의를 받아야 하는 것은 아님. 따라서, 지구지정 단계에서의 경관심의 내용 수준은 '주택건설사업의 내용수준'에 맞춰 **심의를 해야함**

개발사업의 경관심의 개요

4. 경관심의 시기

■ 심의대상 주요 개발사업별 심의시기

도시	도시개발사업(도시개발법) - <u>도시개발</u>구역의 지정 전 정비사업(도시정비법) - <u>정비</u>계획 수립 및 구역지정 전 재정비촉진사업(도시재정비법) - <u>재정비촉진</u>계획 결정 전 물류단지개발사업(물류시설법) - <u>물류단지개발</u>계획 수립 및 지정 전 역세권개발사업(역세권법) - <u>역세권개발</u>사업계획 수립 및 구역 지정 전 택지개발사업(택지개발촉진법) - <u>택지개발</u>계획 수립 및 지구 지정 전
산업단지	산단개발사업, 산단재생사업, 준산단정비사업 - 계획 수립 및 단지(또는 재생사업지구) 지정 전 국가/일반/도시첨단 산단, 농공단지개발사업(산단절차간소화법) - 계획 수립 또는 승인 전 연구개발특구개발사업(연구개발특구법) - 연구특구개발계획 수립 전 중소기업단지조성사업(중소기업진흥법) - 단지조성사업의 실시계획 승인 전
특정지역 관광단지 항만 교통시설	마을정비사업(농어촌정비법) - <u>마을정비</u>계획 수립 및 구역 지정 전 농업생산기반사업(농업기반시설법) - 도시·군 관리계획 결정 전 지역개발사업(지역균형개발법) - 계획 수립 전 관광지조성사업(관광진흥법) - 조성계획 승인 전 온천개발사업(온천법) - 개발계획 승인 전 항만재개발사업(항만법) - 사업계획 승인 전 복합환승센터개발사업(국가통합교통체계효율화법) - 계획 수립 및 지정 전

> 도시개발사업에서 구역 지정 후 개발계획을 수립하는 경우가 있는데, 그 때는 '개발계획 수립 전'
> * 공모방식 등 일부 경우에 한해 지구지정 후 1년 이내에 개발계획 수립가능

> 정비사업 중 주거환경개선사업 및 주거환경관리사업은 **제외**

> * 지구 지정 고시 후 2년 이내 촉진계획 수립하도록 명시

개발사업의 경관심의 개요

4. 경관심의 시기

■ 기본절차

- 다른 위원회 심의 전 실시
- 경관관련위원회와 공동 심의 실시
- 경관심의 이후, <u>변경</u>이 있는 경우는 같은 절차를 거치는 변경의 경우에 한해서만 <u>경관심의</u>를 <u>다시 받아야 함</u>

가. 변경 시 경관 심의 대상 합리화 (안 제19조) 신설

> 심의를 다시 받아야 하는 '변경 범위'를 경관에 큰 영향을 미치는 요소에 대한 계량적 기준으로 명확히 한정하여 심의 절차를 합리화

변경에 따른 경관심의 절차 보완(계량적 기준)
: 토지이용계획 면적이 30% 이상 증감
: 공간시설(광장,공원 등)의 면적이 10% 이상 감소
: 건축물의 최고높이 상향 또는 용적률의 증가
: 분할된 구역·지구 등에 대해서만 경관심의

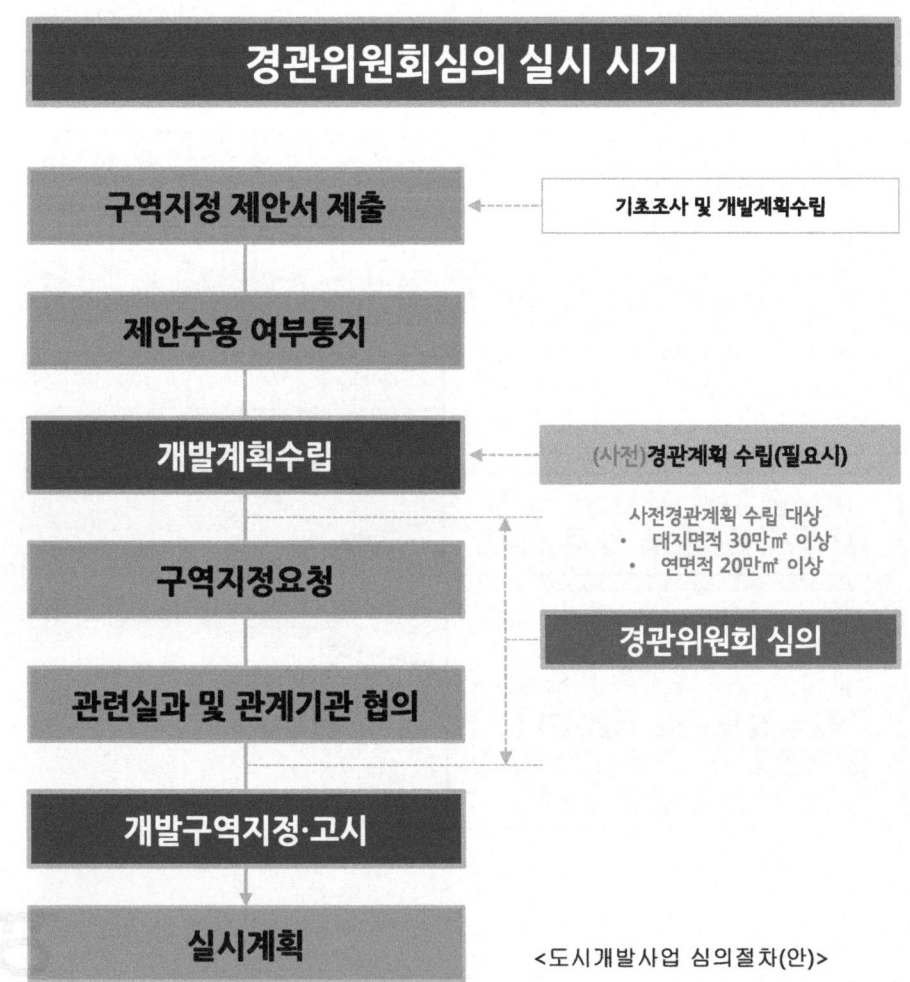

<도시개발사업 심의절차(안)>

개발사업의 경관심의 개요

4. 경관심의 시기

■ **신규와 변경**(①,②,③ - 현 경관법을 적용했다면, 총 3차례의 경관심의(변경포함)를 받아야 하는 상황임)

<도시개발사업 심의절차(안)>

개발사업의 경관심의 개요

4. 경관심의 시기

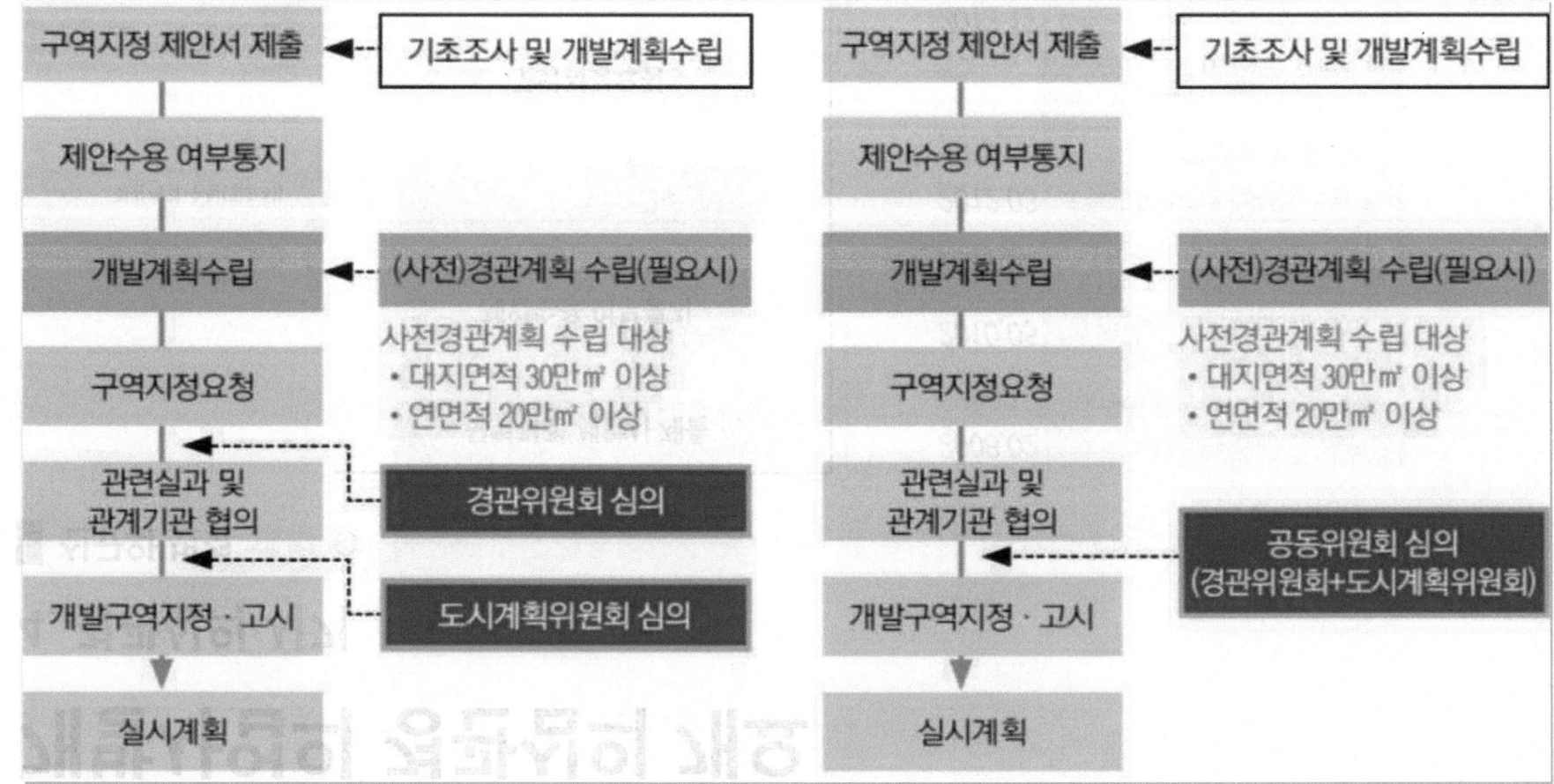

개발사업의 경관심의 개요

5. 경관심의 기준

■ 개발사업의 경관체크리스트(사업자용) [별지 제6호 서식]

구분	검토항목	반영	미반영	해당없음
기본방향	고유한 지역 현황을 반영하고 우수한 경관자원을 보존·활용			
	대상지를 포함한 지역 전체의 경관을 향상시키기 위한 계획 수립			
	기본방향에 따라 실현가능하고 일관된 목표 및 전략 수립			
경관 기본구상 (경관구조의 설정)	경관을 고려하여 밀도, 용도배치 등 토지이용계획과 교통처리계획 등을 설정			
	개발사업 규모, 장소의 특성 및 이용자를 고려한 경관구조(권역, 축, 거점) 설정			
	경관구조별 장소성·조화성 확보 및 특성화			
	토지이용, 지형·지세, 주변 지역의 스카이라인 등을 고려한 조화로운 스카이라인 형성			
	주변 맥락과 상징성을 고려한 주요 진입부, 경관거점 및 결절부 계획			
경관부문별 계획 (도시공간구조의 입체적 기본구상)	주변 지역의 가로체계, 토지이용 등의 현황 및 계획을 고려하여 인접한 건축물, 가로, 공원 및 녹지와 연계			
	경관구조의 위계 및 특성 등을 고려한 건축물, 가로, 공원, 녹지 등의 계획			
	커뮤니티 활동을 활성화하고 휴먼 스케일을 고려한 보행환경 및 가로경관 계획			
	주변 여건, 규모, 위치 등에 따른 이용자 특성을 고려한 공원 및 녹지 등 오픈스페이스 계획			
	토지이용, 지형·지세, 주변 지역의 스카이라인, 대상지의 정체성 등을 고려한 건축물의 배치, 형태, 규모 계획			
	건축물, 가로, 공원 및 녹지를 유기적으로 연계하여 통합적·입체적으로 계획			
	가로등, 신호등, 전신주, 도로표지판, 시설안내판 등 가로시설물은 보행환경 및 경관을 고려하여 통합지주로 계획			

- (참고) 주택건설사업은 타 개발사업과 달리 건축물에 대한 상세한 계획이 수반되는 특성이 있어, 일부 지자체에서는 개발사업 체크리스트가 아닌 건축물 체크리스트를 활용하는 경우가 있음

개발사업의 경관심의 기본원칙

개발사업의 경관심의 기본원칙

1. 경관심의도서와 사전경관계획의 비교

 ★사전경관계획만 해당

구분	경관 심의 도서(1)	사전경관계획(2)
적용대상	〈경관법 제27조 제1항〉 · 대통령령으로 정하는 개발사업 〈영 제19조 1항〉 · 도시지역 3만㎡ 이상, 도시지역 외 30만㎡이상 개발사업	〈경관법 제27조 제3항〉 · 제1항의 개발사업 중 대통령령으로 정하는 규모 이상의 개발사업 〈영 제20조 1항〉 · 대상지역 면적 30만㎡ 이상, 건축물 연면적 합계 20만㎡ 이상인 개발사업
적용지침	· [별표3] 개발사업의 경관 심의 도서 작성	· [부록1] 대규모 개발사업의 사전경관 매뉴얼
주요내용	· 대상지 개요 · 경관현황 조사 및 분석 · 경관 기본방향 및 목표 설정 · 주요공간 골격설정(점·선·면) 및 각 공간별 계획방향 · 주요 경관요소 기본방향 및 고려사항 제시 　- (건축물) 주변 건물, 지형 등 고려한 규모와 형태 　- (가로) 가로체계 설정 및 위계별 특성, 계획방향 　- (공원녹지) 특성·종류·위계에 따른 계획방향	· 경관계획의 개요 · 경관현황 조사 및 분석 · 경관계획의 기본방향 및 목표 설정 · 경관구조의 설정 · 주요 경관요소를 고려한 입체적 도시공간구조, 기본구상 　- 건축물 경관계획, 가로경관계획, 공원 및 녹지경관계획 　- 필요시 야간, 색채, 공공시설물, 옥외광고물 계획 등 ★ · 종합계획도(마스터플랜) / 조감도 ★ · 경관 통합지침도 / 실행계획 ★
특징	· 개략적 계획 · 평면적(2차원) 지침 · 방향설정(유도)	· 구체적 계획 · 입체적(3차원) 지침 · 실행력 담보(통합지침도, 실행계획 등)

※ 〈경관 심의 지침 3-4-7〉 사전경관계획을 수립하는 경우, '개발계획에 포함된 경관계획 또는 사전경관계획'을 '경관 심의 도서'로 갈음 할 수 있음.

개발사업의 경관심의 기본원칙

2. 경관심의 기준

개발사업의 경관심의도서 작성 내용

1단계 - 사업의 개요
- 사업명, 사업의 위치 및 규모, 사업기간, 추진경위 기술

2단계 - 현황 조사 및 분석
① 경관관련계획 - 대상지 및 대상지 주변에 영향을 미치는 계획 분석
② 경관자원 및 특성 - 주변 지형, 건축물, 시설물, 공공공간, 도시구조 등 분석

3단계 - 기본방향 및 목표
① 장래 모습 예상 > 아름답고 쾌적한 환경 유도하는 경관 관리/형성 주요내용 기술
② 기본방향을 실현하기 위한 목표와 세부전력 시술

4단계 - 경관기본구상
① 면, 선, 점 등의 주요 공간의 골격 설정(권역, 축, 거점의 경관 구조 설정)
② 각 공간의 계획방향 설정

5단계 - 경관 부문별 계획
① 건축물, 가로, 공원 및 녹지 등 주요 경관요소의 기본방향 제시
② 각 경관요소에 대한 경관적 고려사항 제시(배치도, 스카이라인 계획도, 오픈스페이스 계획도, 가로 단면도 등을 제시)

6단계 - 그 밖의 사항
① 사전검토 또는 경관 심의 결과와 그에 대한 반영사항(경관 사전 검토를 거쳤거나 재심의를 받은 경우에 한함)

개발사업의 경관심의 기본원칙

2. 경관심의 기준

▌개발사업의 사전경관계획 작성 내용

> 사전경관계획 수립과정에서 '**특별건축구역**' 지정 제안 가능함. 또한, 실시계획(또는 실시설계)단계에서 심의 결과를 반영하여 정하거나 **경관상세계획을 수립**하여야 함 (개발사업, 건축물, 도시기반시설 모두 해당됨)

1단계 - 경관계획의 개요
· 추진경위, 목적, 범위(공간적, 시간적)

2단계 - 경관 현황조사 및 분석
① 경관에 큰 영향을 미치는 사항(자료의 나열은 지양), 부정적/제약적 자원도 조사
② 유사/관련 사업/계획/사례 > 특성파악, 시사점 도출

3단계 - 기본방향 및 목표 설정
① 장래 변화 예상 > 아름답고 쾌적한 환경 유도하는 경관 관리/형성, 분석결과고려
② 목표와 전략은 추상적이지 않고, 실행을 위한 범위/대상/추진단계/세부전략)

4단계 - 경관구조 설정
① 개발계획의 주요 지 설정/밀도/인구수용(주택 등)/토지이용/교통처리 계획과 연계하여 합리적으로 수립 ② 권역/축/거점 설정 ③ 블록별/장소별 세부구조 설정

5단계 - 입체적 도시공간구조 기본구상
① 경관구조의 위계와 성격 고려하여 주요경관요소(건축물/가로/공원녹지)의 계획방향을 통합적, 입체적으로 쉽게 알 수 있도록 수립 ② 주변지역과의 조화, 보행자의 시각(휴먼스케일), 공공의 이용성 고려 ③ 표현은 스케치, 사례사진, 예시도 등

6단계 - 주요 도면 작성/실행계획
① 종합계획도, 조감도: 건축물/가로/공원녹지를 선과 몇 가지의 패턴을 사용하여 간략히 표현 ② 통합지침도: 지구단위계획에 반영될 구체적 지침 표현 및 실행제시

개발사업의 경관심의 기본원칙

2. 경관심의 기준

‘경관심의도서’ 와 ‘사전경관계획’ 의 차이

경관심의도서(1)	단계		사전경관계획(2)
①추진경위(타위원회 심의여부 및 결과 등)	1단계	경관계획의 개요	①타위원회 심의여부 및 결과 **해당없음**
①경관관련계획(지자체 경관계획, 도시계획 등) ②경관자원 및 특성(주변 지역의 지형적 특성, 주요 건축물·시설물·공공공간, 도시구조(교통접근성 등 입지여건, 도시 및 생활권의 성격 등)	2단계	경관 현황조사 및 분석	①조사대상 ②조사범위 ③분석방법으로 세분하여 제시
①개발사업으로 인한 대상지의 **장래 모습을 예상** ②**아름답고 쾌적한 환경을 유도**할 수 있도록 **경관의 관리, 형성**에 관한 내용을 중심으로	3단계	기본방향 및 목표 설정	①전략수립(범위, 대상, 추진단계, 장단기별 세부전략)
①대상지의 **토지이용** 및 **가로체계** 등을 고려하여 면, 선, 점 등 **주요한 공간의 골격을 설정**하고 각 공간별로 계획방향을 설정	4단계	경관기본구상 경관구조설정	①설정방향 ②권역, 축, 거점 설정 ③블록별, 장소별 세부구조의 설정
①**건축물, 가로, 공원/녹지** 등에 대한 **기본방향** 및 경관상 고려할 사항을 제시 ②주변 지역의 현황을 감안하여 **지역경관을 향상**시킬 수 있는 **건축물의 규모/형태** ③각 **가로 위계별 특성, 공원 녹지**의 위치 및 이용 특성에 따른 각각의 계획 방향 등	5단계	경관 부문별 계획 입체적 도시공간구조기본구상	①**건축물계획**: 분절, 스카이라인, 3차원적 표현, 형태는 용도/가로위계/오픈스페이스 성격고려, 상징성, 저층부/지붕형태 ②**가로경관계획**: 공개공지/보도/장애물구역/식재공간/차로 ③**공원녹지계획**: 위치/통합배치(보행자공간 확장), 기능과 주제부여
①**사전 검토** 또는 **경관 심의 결과와 그에 대한 반영 사항**(사전 검토나 재심의를 받은 경우에 한정)	6단계	그 밖의 사항/실행계획	①**주요도면: 종합계획도, 조감도, 통합지침도** ②총괄계획가자문, 지구단위계획에 의한 관리방안, 경관협정의 적용 및 운영방안 등)을 제시

개발사업의 경관심의 기본원칙

2. 경관심의 기준

사전경관계획을 통해 특별건축구역의 공동주택 경관향상(예시)

[기존 계획 : 돈암동 한신·한진 아파트]

[특별건축구역 적용(안)]

개발사업의 경관심의 기본원칙

3. 개발사업의 경관심의 공통원칙

(1) 계획을 통하여 각종 개발사업의 해당 도시 및 지역의 공익적 발전을 도모하는 등
공공성을 확보하였는가? - 보편성, 접근성, 편의성 등

(2) 고유한 지역경관의 특성을 반영하고 우수한 경관자원을 보존·활용하여
지역의 정체성을 계승하였는가? - 독창성, 차별화, 특화, 지역유산, 랜드마크 등

(3) 주변 환경에 대해 경관적 부담을 주지 않는 배려와 주변 지역의 특성과의 맥락을 유지하는 등의
주변환경과의 조화를 위해 노력하였는가? - 지속성, 통일성, 심리적 안정성 등

(4) 지역의 계획이나 사업과의
정합성, 연계성 검토가 충분이 이루어졌는가?

(5) 행정, 지역주민, 사업시행자 등 다양한 이해관계자의 의견을 합리적으로 **수렴하였는가?**

(6) 사례와 예시를 적절히 활용하고 실천 가능하게 **작성하였는가?**

개발사업의 경관심의 기본원칙

4. 개발사업의 경관심의 세부원칙

〈산업단지〉
- 경계부에 대한 안전과 미관을 함께 고려
- 경관형성을 위한 창의적인 경관계획을 유도
- 필요시 경관특화를 위한 야간경관계획을 수립

〈항만〉
- 해안으로의 접근체계를 고려하여 골격을 형성
- 해안공간의 특성을 잘 살려 계획
- 바다와 육지에서 바라보는 경관을 고려한 계획

〈복합환승센터〉
- 지역의 관문으로서 인지성을 부각시키는 계획
- 공공성을 확보할 수 있도록 계획
- 공간구조와 경관변화를 고려한 경관계획

〈관광단지〉
- 주변지역과 조화되고 통일성을 갖는 단지계획
- 주변 관광자원 및 관련된 계획을 검토 반영
- 창의적 단지설계 또는 건축물 디자인을 유도
- 단지특화를 위한 야간경관계획 등을 고려

〈농어촌 개발〉
- 농어촌경관관리계획 등과 연계 반영
- 농어촌지역의 특성이 나타날 수 있도록 계획
- 지역주민, 주변 자연 및 주거지와 조화 고려
- 자연환경 변화에 대한 예측 및 대응방안 마련

개발사업의 경관심의 주안점
-사전경관계획을 중심으로-

개발사업의 경관심의 주안점

1. 주요 주안점 개요

★사전경관계획만 해당

구분	주안점
계획대상개요	1. 심의대상의 유형을 고려한다 2. 대상사업의 특성을 고려한다
경관현황분석	3. 경관자원 및 특성을 고려한다 4. 상위계획과 관련계획을 고려한다 5. 조망점 설정과 경관영향을 파악한다
경관기본방향 및 경관구조설정	6. 경관기본방향과 개발사업의 목표를 검토한다 7. 경관구조설정과 경관구조별 계획방향을 검토한다
경관부문별계획 입체적 공간구조구상	8. 건축물 계획을 검토한다(스카이라인, 통경축, 규모, 형태 등) 9. 가로위계별 차별화된 계획을 검토한다 10. 공원 및 녹지의 계획을 검토한다 11. 기타 사항의 계획방향을 검토한다(야경, 색채, 시설물, 광고물 등) ★
주요도면작성	12. 종합계획도, 조감도, 경관통합지침도, 실행계획을 검토한다 ★

개발사업의 경관심의 주안점

1. 심의대상의 유형을 고려하였는가?(절차)

- 심의의 범위를 한정해야 한다.
  > 신규사업인가?, 변경사업인가?

신규사업 : 도시개발사업(예시)

변경사업 : 변경 내용에 대해서만 심의

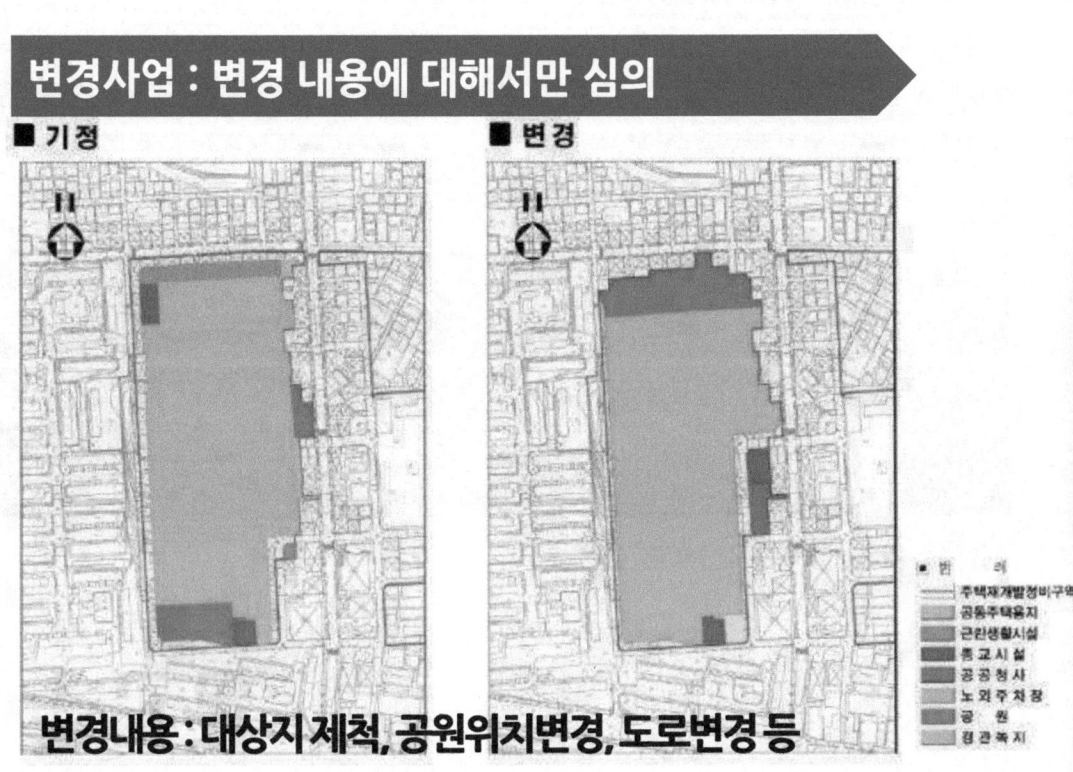

변경내용 : 대상지 제척, 공원위치변경, 도로변경 등

개발사업의 경관심의 주안점

1. 심의대상의 유형을 고려하였는가?(절차)

- 심의의 범위를 한정해야 한다.
  > 최초심의인가?, 재심의인인가?

최초 심의

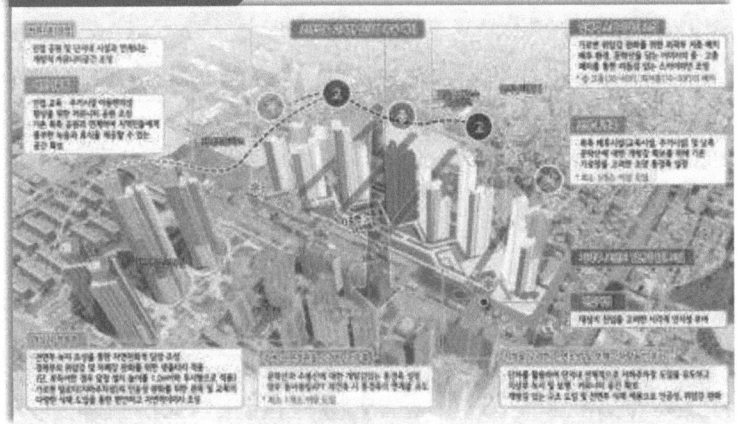

심의결과 : 가장 비중이 큰 건축계획에 반영할 지침 누락

재 심 의 : 조치항목에 대해서만 심의범위로 한정

개발사업의 경관심의 주안점

1. 심의대상의 유형을 고려하였는가?(수준)

- 계획의 수준을 고려해야 한다. (2차원적인 평면 검토)
  - 개발계획 수준인가?   - 실시계획 수준인가?

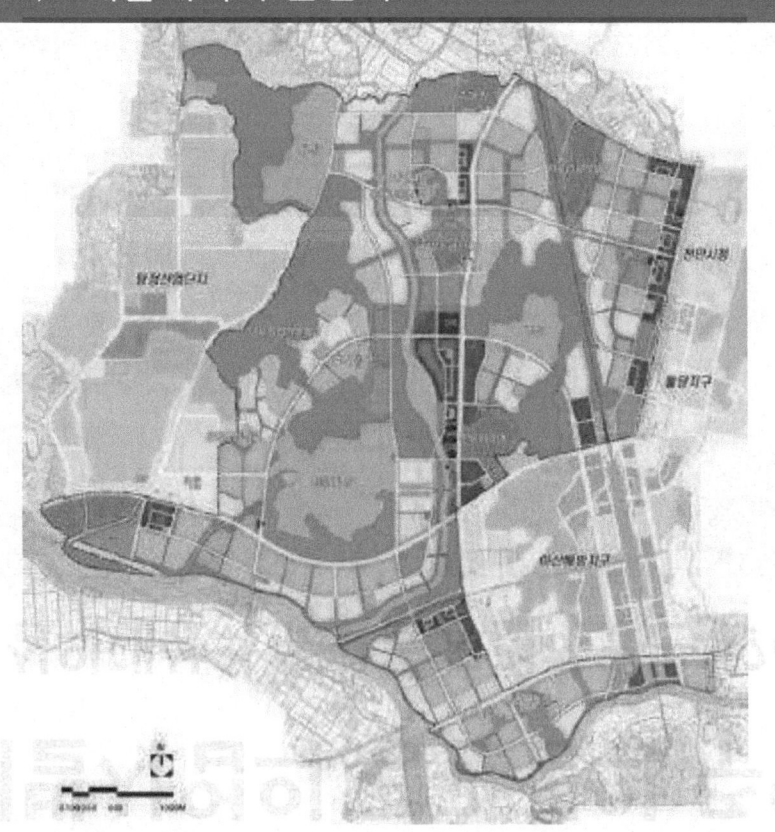
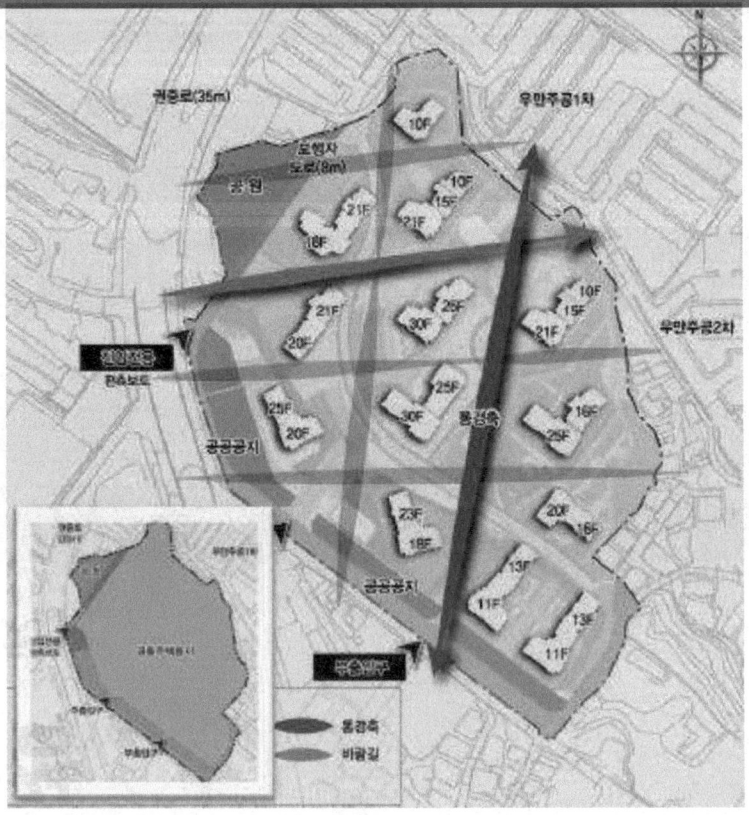

개발사업의 경관심의 주안점

1. 심의대상의 유형을 고려하였는가?(수준)

- 계획의 수준을 고려해야 한다. (3차원적인 입체적 검토)
  > 개발계획 수준인가?   - 실시계획 수준인가?

개발사업의 경관심의 주안점

1. 심의대상의 유형을 고려하였는가?(성격)

- 사업 성격별로 경관계획의 내용을 고려해서 심의해야 한다.
- 중점대상 심의항목이 달라질 수 있다.

복합형	도시기반형	농촌형
리드미컬한 스카이라인 상업활성화 중심 색채 특성화	도시집중형 기반시설과 연계성 랜드마크 야간경관	주변환경(자연)과의 조화 농촌지역의 생활특성반영 경관변화주기 고려 주민들과의 소통방안 반영

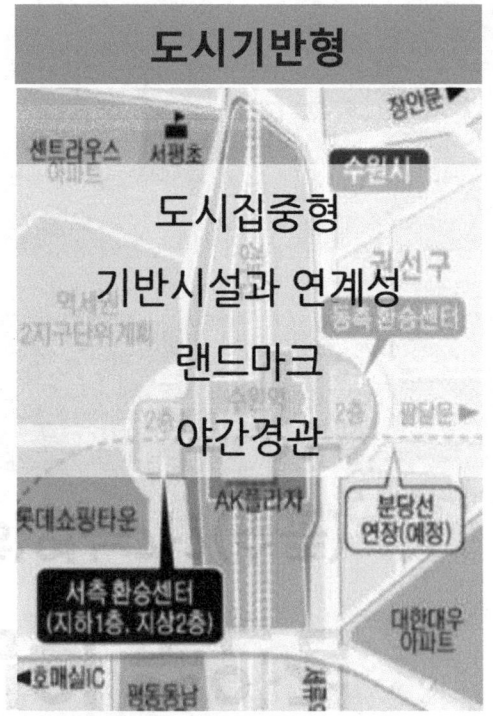
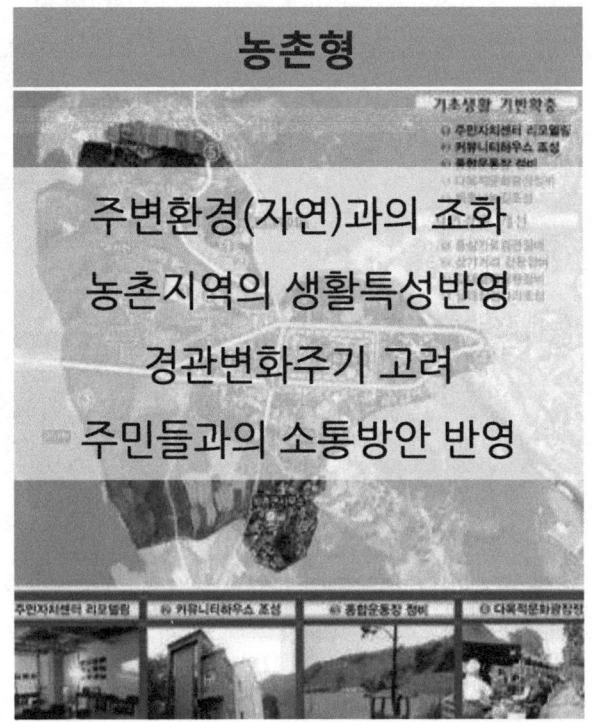

개발사업의 경관심의 주안점

2. 대상사업의 특성을 고려하였는가?(성격)

- 사업 성격별로 경관계획의 내용을 고려해서 심의해야 한다.
- 중점대상 심의항목이 달라질 수 있다.

산업형

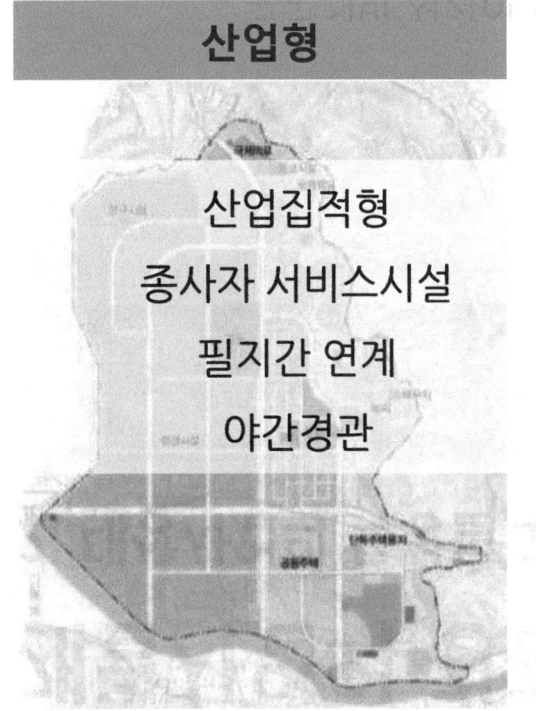

산업집적형
종사자 서비스시설
필지간 연계
야간경관

주거형

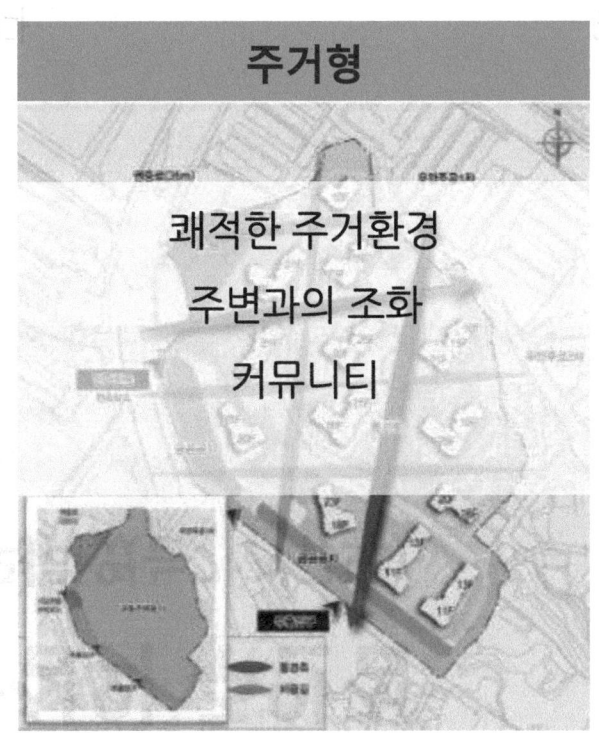

쾌적한 주거환경
주변과의 조화
커뮤니티

관광형

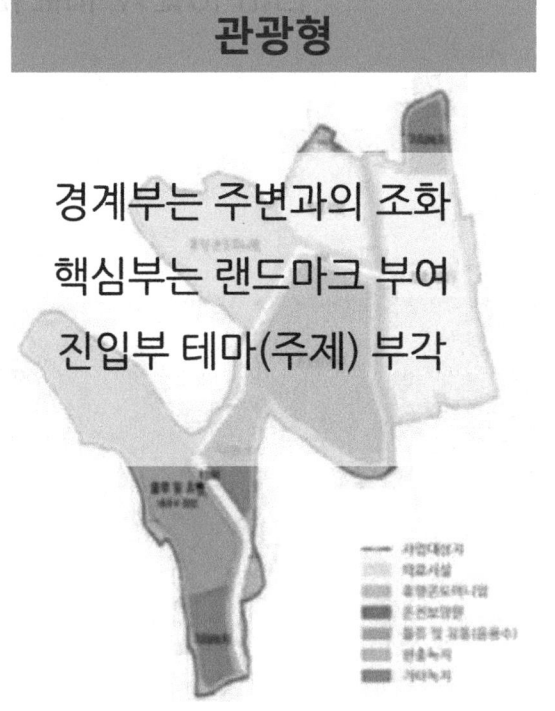

경계부는 주변과의 조화
핵심부는 랜드마크 부여
진입부 테마(주제) 부각

개발사업의 경관심의 주안점

2. 대상사업의 특성을 고려하였는가?(규모)

- 사업 규모별로 경관계획의 내용을 고려해서 심의해야 한다
  > 랜드마크성격의 대형사업 vs 소규모 개발사업 등 사업규모에 따른 차이를 고려

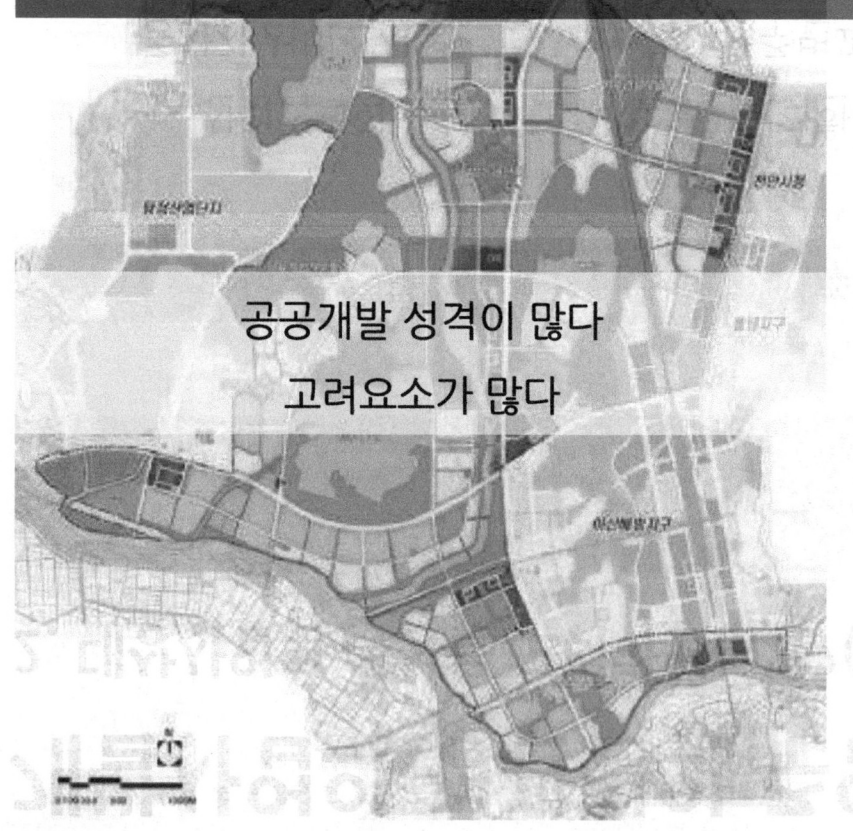

공공개발 성격이 많다

고려요소가 많다

민간개발 성격이 많다

고려요소가 적을 수 있다

개발사업의 경관심의 주안점

3. 경관자원 및 입지특성을 고려하였는가?

- 각기 다른 주변환경과의 조화여부, 개발사업으로 인한 경관형성 내용의적정성
- 주요 자연경관자원의 훼손 및 조망 확보 문제 등

기성시가지 내

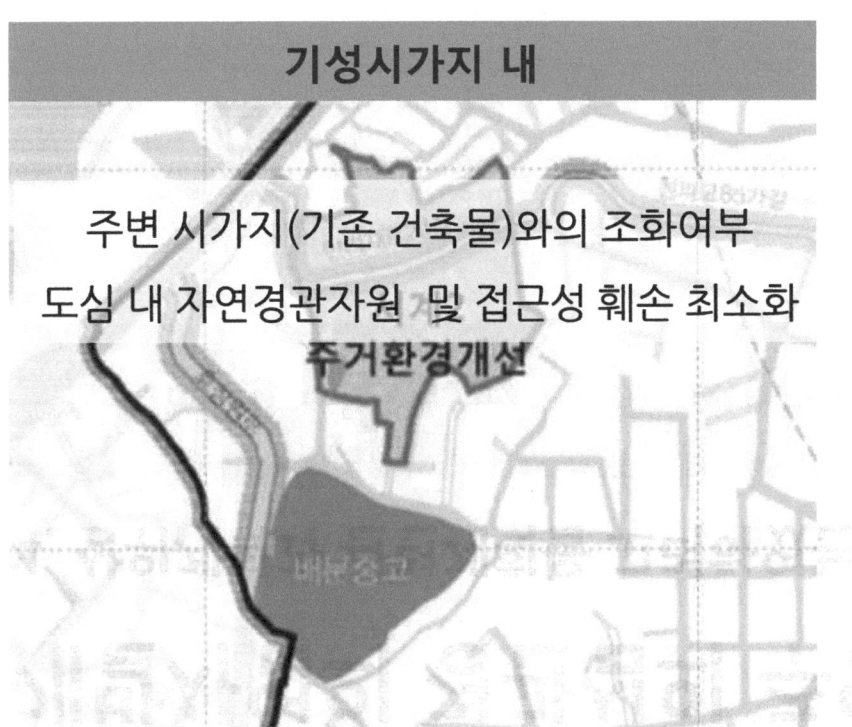

주변 시가지(기존 건축물)와의 조화여부

도심 내 자연경관자원 및 접근성 훼손 최소화

주거환경개선

외곽

배경이 되는 주변환경(자연)과의 조화여부

주요 자연경관자원 훼손 및 조망 확보 문제

★경관심의도서는 평면적 작성

개발사업의 경관심의 주안점

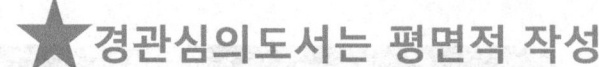

4. 상위계획과 관련계획을 고려하였는가?(정합성)

- 법정 상위 경관계획과의 부합여부 확인(정합성 유지해야 함)하고 검토
- 도시관리계획(지구단위계획), 지자체 경관계획 등과 연동되어 있는가?

법정 상위경관계획과의 정합성 반영

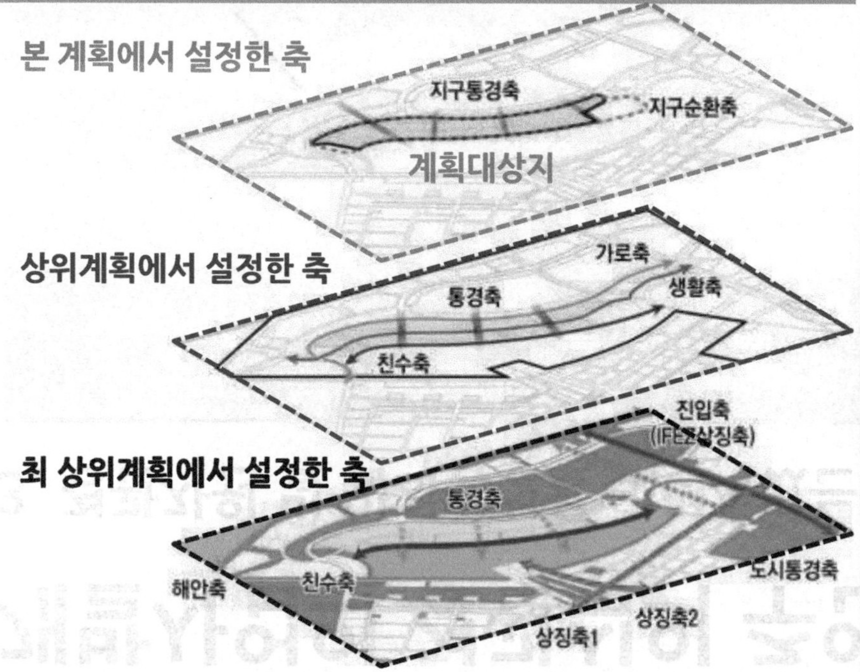

지구단위계획 검토 후 변경요청(사례)

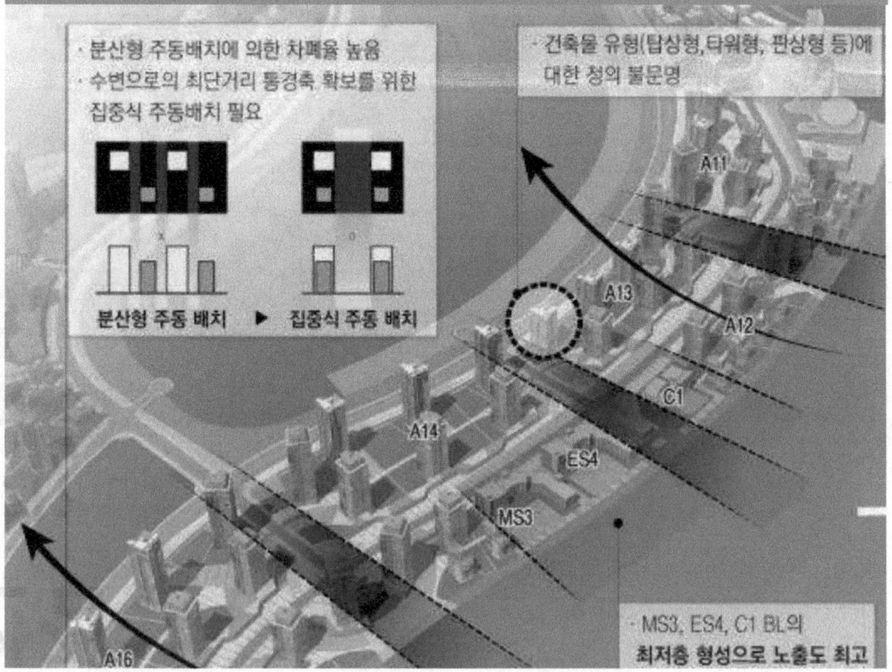

개발사업의 경관심의 주안점

4. 상위계획과 관련계획을 고려하였는가?(연계성)

- 인근 유사사업이 있는 경우, 관련 사업계획과의 연계성 등을 검토한다.
- 주변사업과의 차별화와 조화에 있어서 어디에 중점을 둘 것인지를 정한다.

개발사업의 경관심의 주안점

5. 조망점 설정과 경관영향을 파악하였는가?

- 조망점기준, 경관시뮬레이션을 통하여 어느 정도의 경관적 영향이 있는지를 파악한다.
- 시뮬레이션기준 준수여부, 왜곡여부를 통해 정확한 분석이 되었는지를 확인한다.

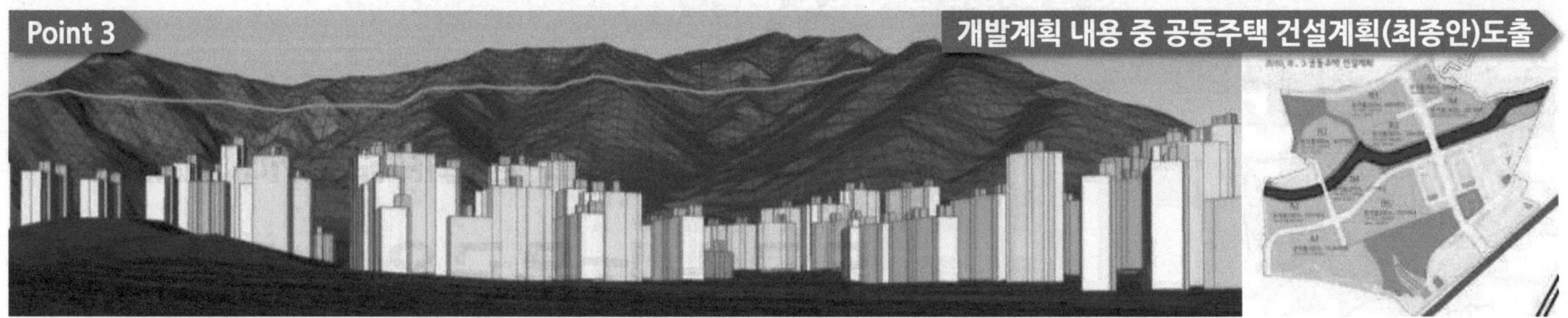

개발사업의 경관심의 주안점

6. 경관기본방향 및 개발사업의 목표를 검토하였는가?

- 도시이미지 설정, 컨셉설정, 기본방향, 전략이 서로 유기적으로 연동되어 있는지를 파악한다.

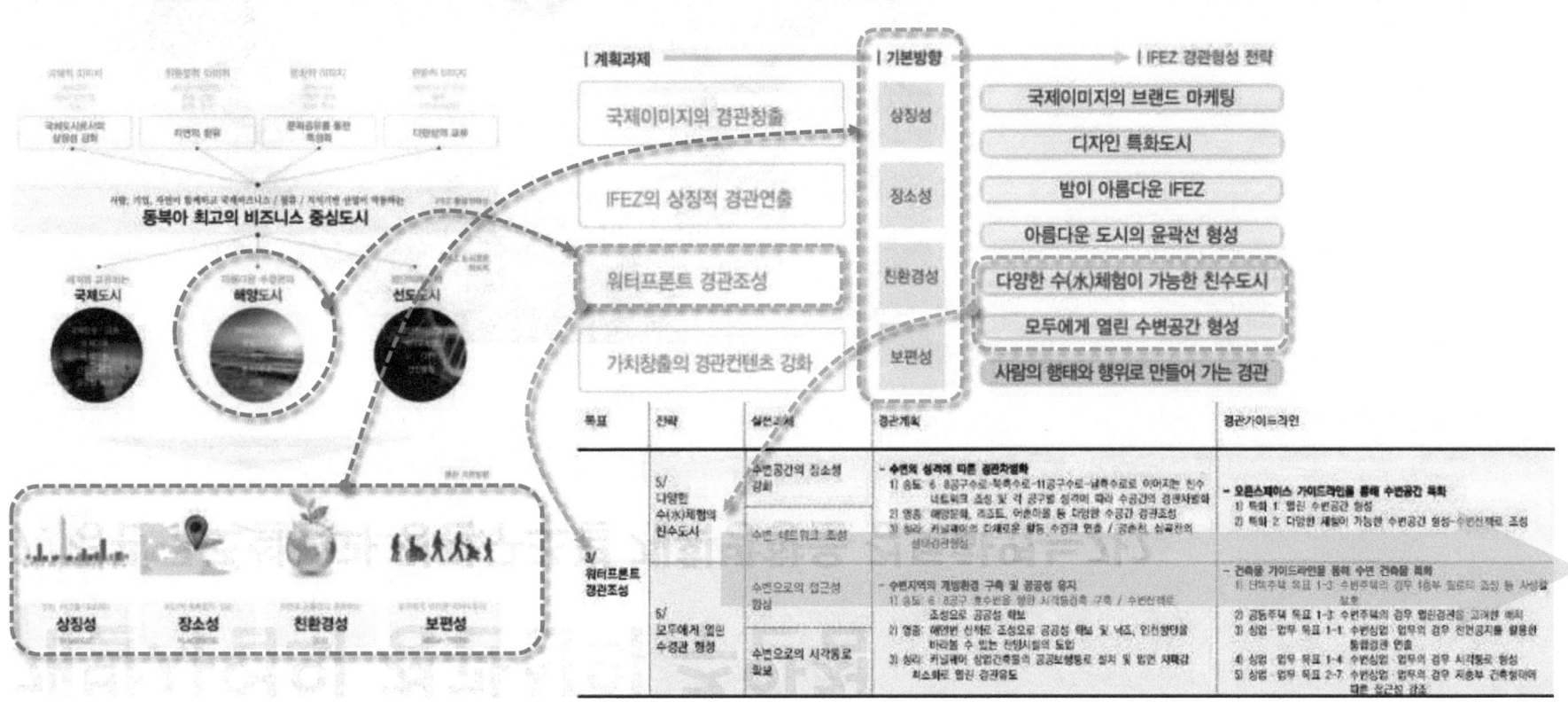

개발사업의 경관심의 주안점

7. 경관구조설정과 경관구조별 계획방향을 검토하였는가?

- 토지이용계획 적정성 : 토지이용계획 특징을 고려한다
> 통경축 확보를 위해 토지이용계획 변경 vs. 축을 막고 있는 블록에 대한 통경축 확보 조치

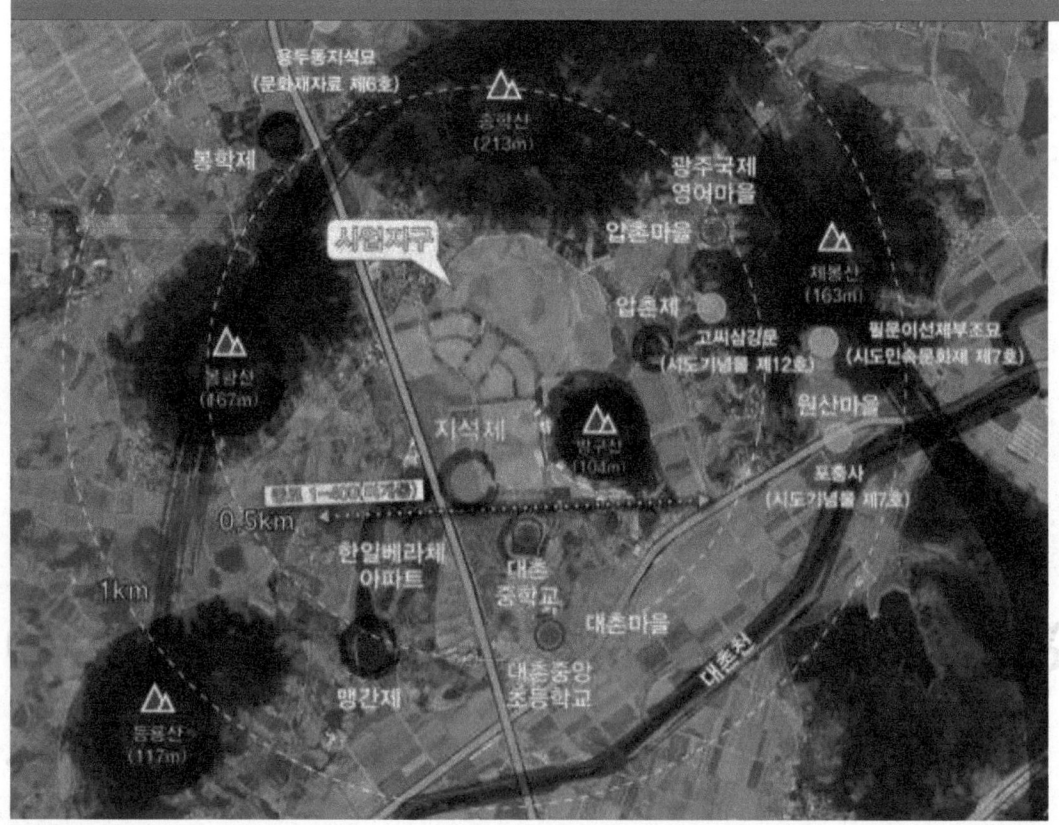
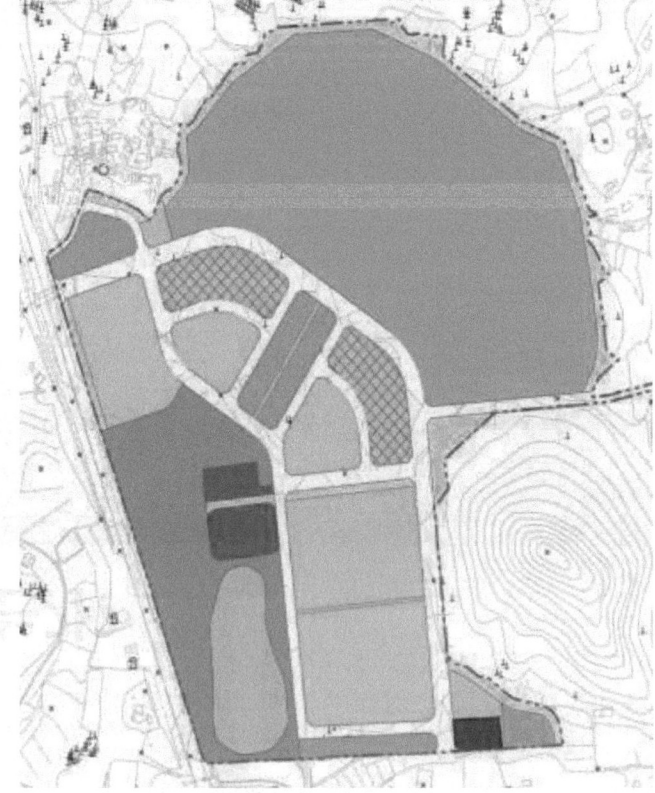

개발사업의 경관심의 주안점

7. 경관구조설정과 경관구조별 계획방향을 검토하였는가?

- **경관권역에 대한 기본구상** > 동일한 경관적 특성을 가지고 있는지 확인한다. 권역의 구분이 모호한 경우나 억지로 전체를 권역에 포함시킨 것인지 확인한다.

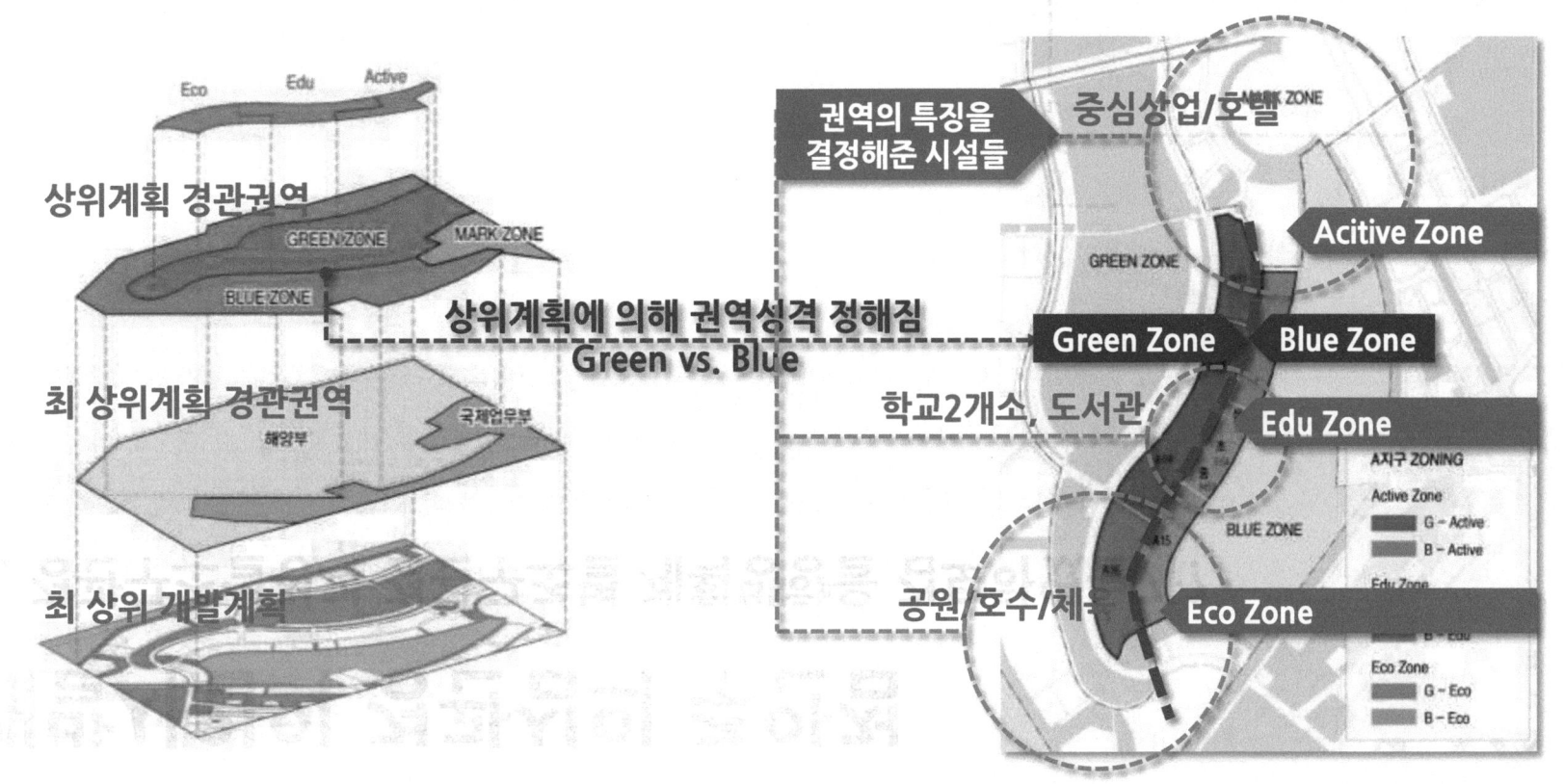

개발사업의 경관심의 주안점

7. 경관구조설정과 경관구조별 계획방향을 검토하였는가?

- **경관축에 대한 기본구상** > 동일한 경관적 특성을 가지고 있는지 확인한다. 도시계획적 기능을 지닌 도로, 선형의 녹지대 모두를 축으로 설정한 것인지 확인한다. 테마축 설정은 전체에 부합?

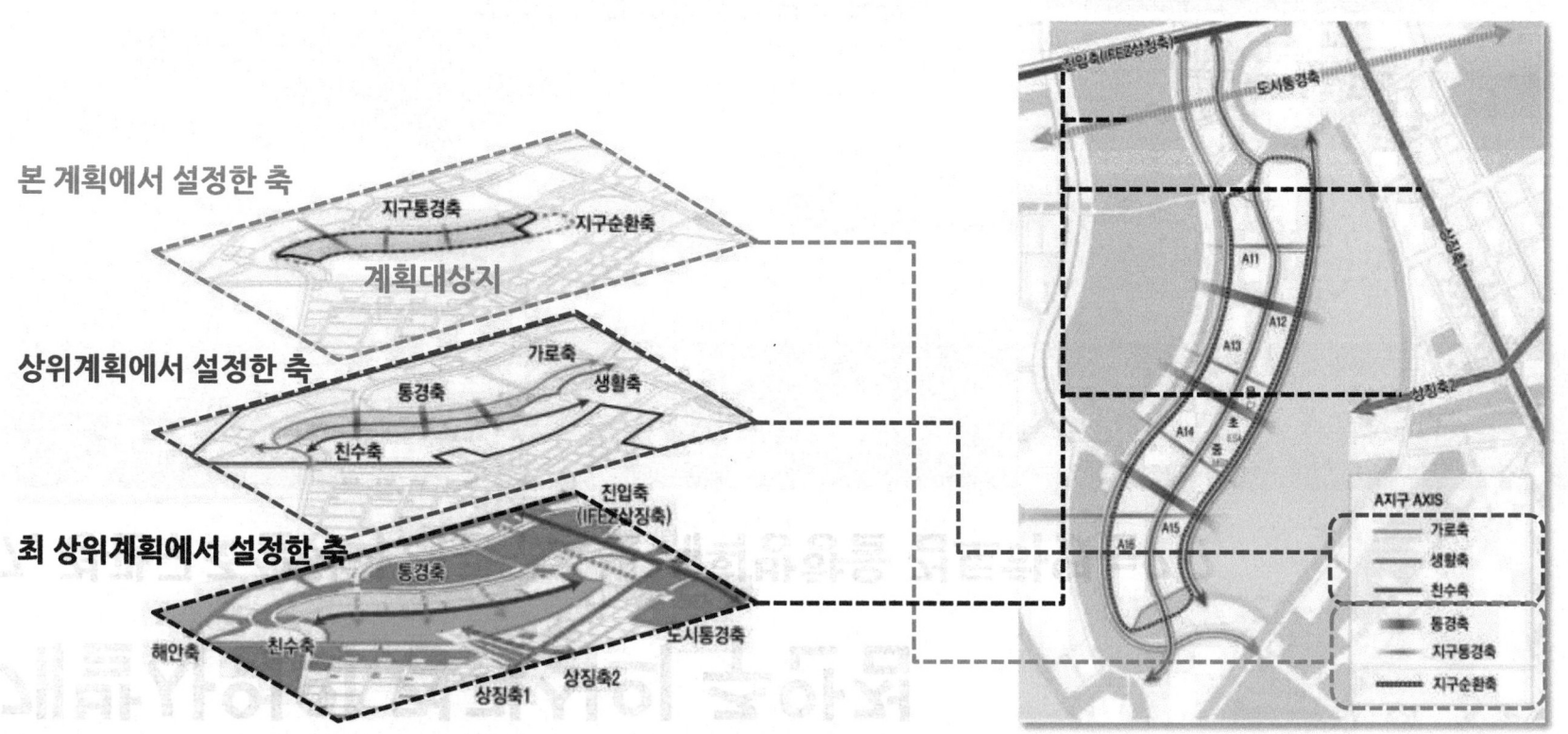

개발사업의 경관심의 주안점

7. 경관구조설정과 경관구조별 계획방향을 검토하였는가?

- **경관거점에 대한 기본구상** > 동일한 경관적 특성을 가지고 있는지 확인한다. 거점과 권역의 구분이 모호한 경우, 그 기준 유무를 확인하고, 거점을 성격별로 제시하고 있는지 확인한다.

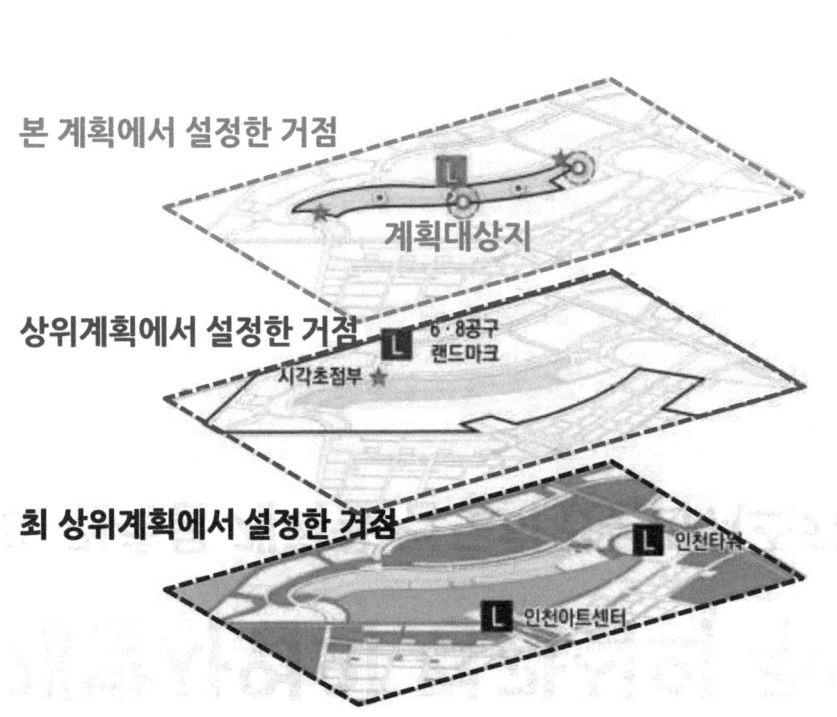

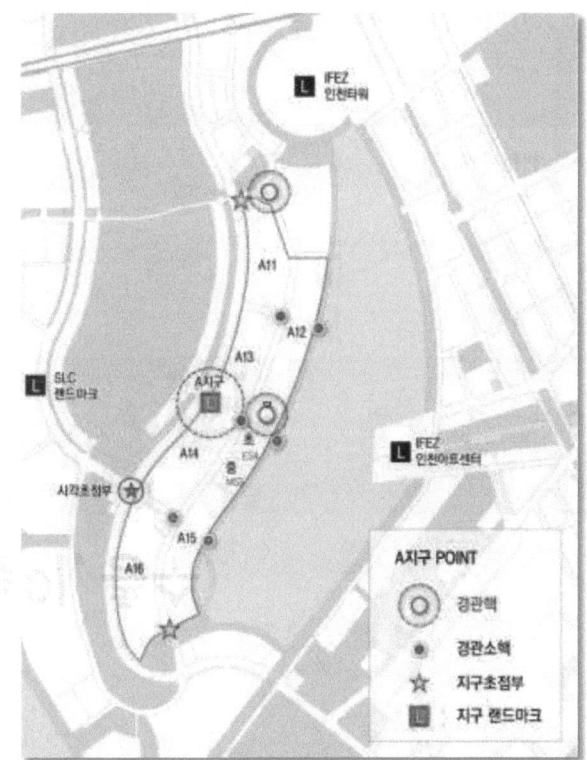

개발사업의 경관심의 주안점

★ 경관심의도서는 평면적 작성

8. 건축물 계획을 검토하였는가?(스카이라인, 높이, 층수)

- 메인이 되는 주요조망점(보행레벨)에서 보는 경관 시뮬레이션을 기준으로 했는지
  > 스카이라인의 설정의 이해를 돕기 위한 조감뷰나 평면뷰는 참고자료임

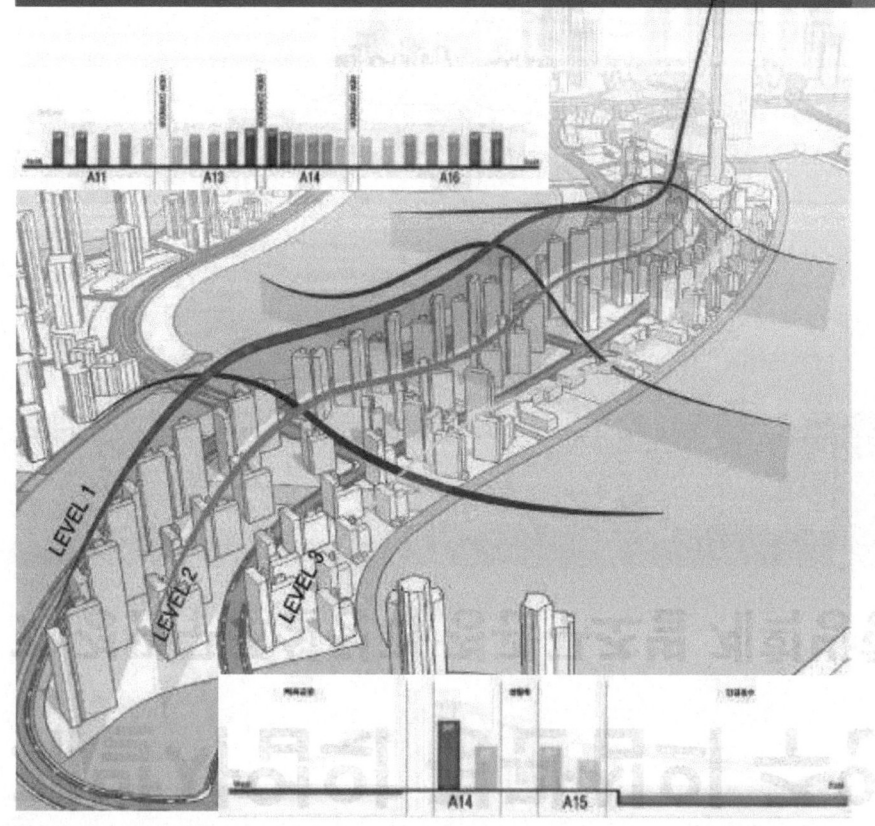
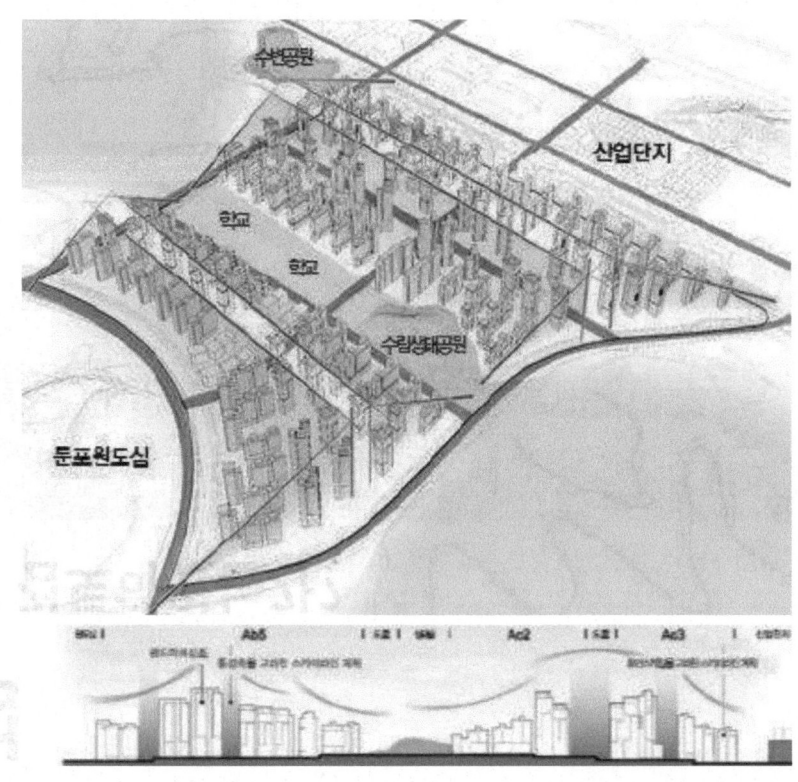

개발사업의 경관심의 주안점

8. 건축물 계획을 검토하였는가?(통경축)

 경관심의도서는 평면적 작성

그런데, **왜?** 통경축을 설정해야 하나요?

- 도시 통경축을 위한 도시계획시설(학교, 공원, 도로 등) 배치에 대해 건축적인 고려는?
  > 통경축의 연장, 폭의 확대, 보행레벨에서의 최소한의 개방감확보등에 대한 기여를 하고 있는지

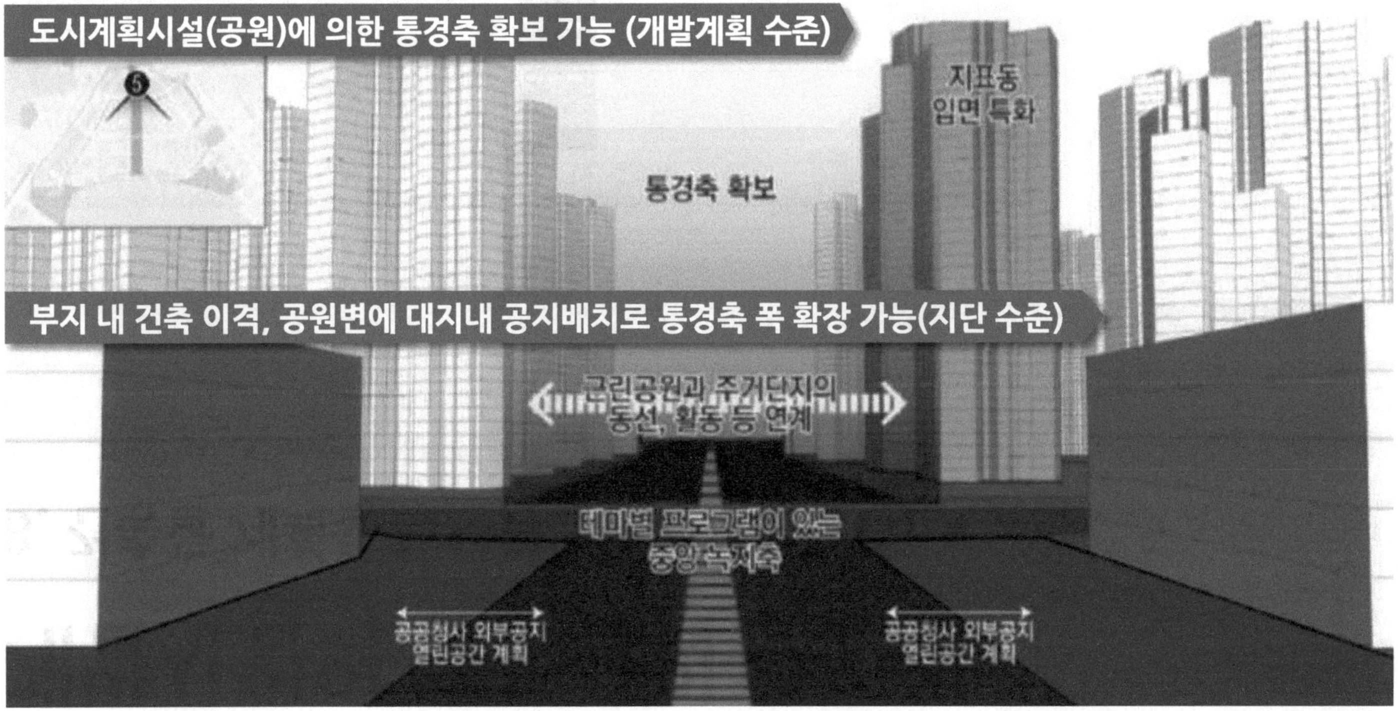

도시계획시설(공원)에 의한 통경축 확보 가능 (개발계획 수준)

지표동 입면특화

통경축 확보

부지 내 건축 이격, 공원변에 대지내 공지배치로 통경축 폭 확장 가능(지단 수준)

근린공원과 주거단지의 동선, 활동 등 연계

테마별 프로그램이 있는 중앙녹지축

공공청사 외부공지 열린공간 계획

공공청사 외부공지 열린공간 계획

* 위 예시도면은 경관심의제도의 이해를 돕기 위해 차용한 것으로서 사전경관계획 수준임을 밝혀둡니다.

개발사업의 경관심의 주안점

8. 건축물 계획을 검토하였는가?(통경축)

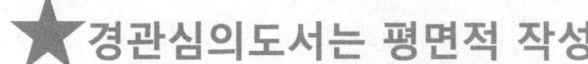 경관심의도서는 평면적 작성

지역을 대표하는 조망대상 (경관자원)이 있어야 하지요. '개방감'이나 '시각적 깊이감'과는 차이가 있습니다.

- 도시 통경축을 위한 도시계획시설(학교, 공원, 도로 등) 배치에 대해 건축적인 고려는?
  > 통경축의 연장, 폭의 확대, 보행레벨에서의 최소한의 개방감확보등에 대한 기여를 하고 있는지

SLC 전체 통경확보를 위해 대상지 내 통경구간 설정 필요

도시계획시설(도로)에 의한 통경축 확보 가능 (개발계획 수준)

통경구간의 교차 배치

서해 / 공원 녹지 / 인공호수

랜드마크 (조망대상)

부지 내 통경구간 확보로 완전한 통경축 조성 가능(지단 수준)

국제업무지구

★ 경관심의도서는 평면적 작성

랜드마크(조망대상)

개발사업의 경관심의 주안점

8. 건축물 계획을 검토하였는가?(통경축)

- 도시 통경축을 위한 도시계획시설(학교, 공원, 도로 등) 배치에 대해 건축적인 고려는?
  > 통경축의 연장, 폭의 확대, 보행레벨에서의 최소한의 개방감확보등에 대한 기여를 하고 있는지

부지 내 통경구간 확보로 완전한 통경축 조성

도시계획시설(도로)에 의한 통경축 확보 가능

* 위 예시도면은 경관심의제도의 이해를 돕기 위해 차용한 것으로서 원 도서는 매우 잘 작성된 경관상세계획임을 밝혀둡니다.

개발사업의 경관심의 주안점

8. 건축물 계획을 검토하였는가?(통경축)

- 도시 통경축을 위한 도시계획시설(학교, 공원, 도로 등) 배치에 대해 건축적인 고려는?
  > 통경축의 연장, 폭의 확대, 보행레벨에서의 최소한의 개방감확보등에 대한 기여를 하고 있는지

통경축 개념이 도입되지 않은 도시개발(목포 하당신도시, 1980년대)

통경축 개념이 적용된 도시개발 (목포 남악신도시, 2000년대)

개발사업의 경관심의 주안점

8. 건축물 계획을 검토하였는가? (건축형태)

- 건축물계획에서는 많은 비중을 차지하는 건축물의 형태가 획일적이거나 같은 패턴으로 장구간에 걸쳐 반복되는지를 확인한다. > 특히 조망점에서의 판단이 중요.

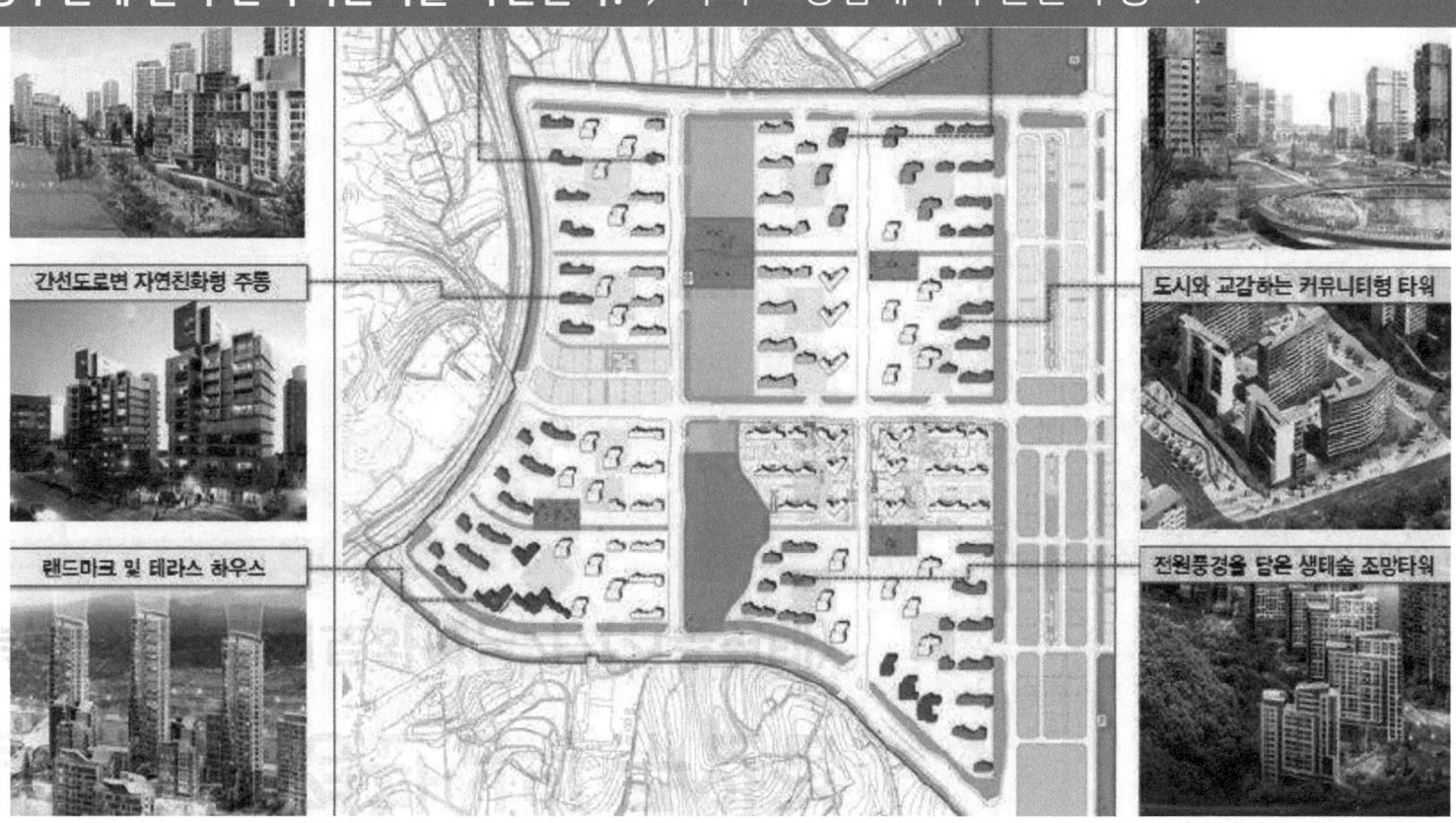

개발사업의 경관심의 주안점

8. 건축물 계획을 검토하였는가?(건축형태)

- 공공공간(보도, 공개공지, 공원 등)과 접하는 저층부 건축형태에 대한 다양한 고려가 되어 있는지 확인한다. > 특히, 휴먼스케일의 저층범위 설정이나 가로분위기가 고려된 계획 등

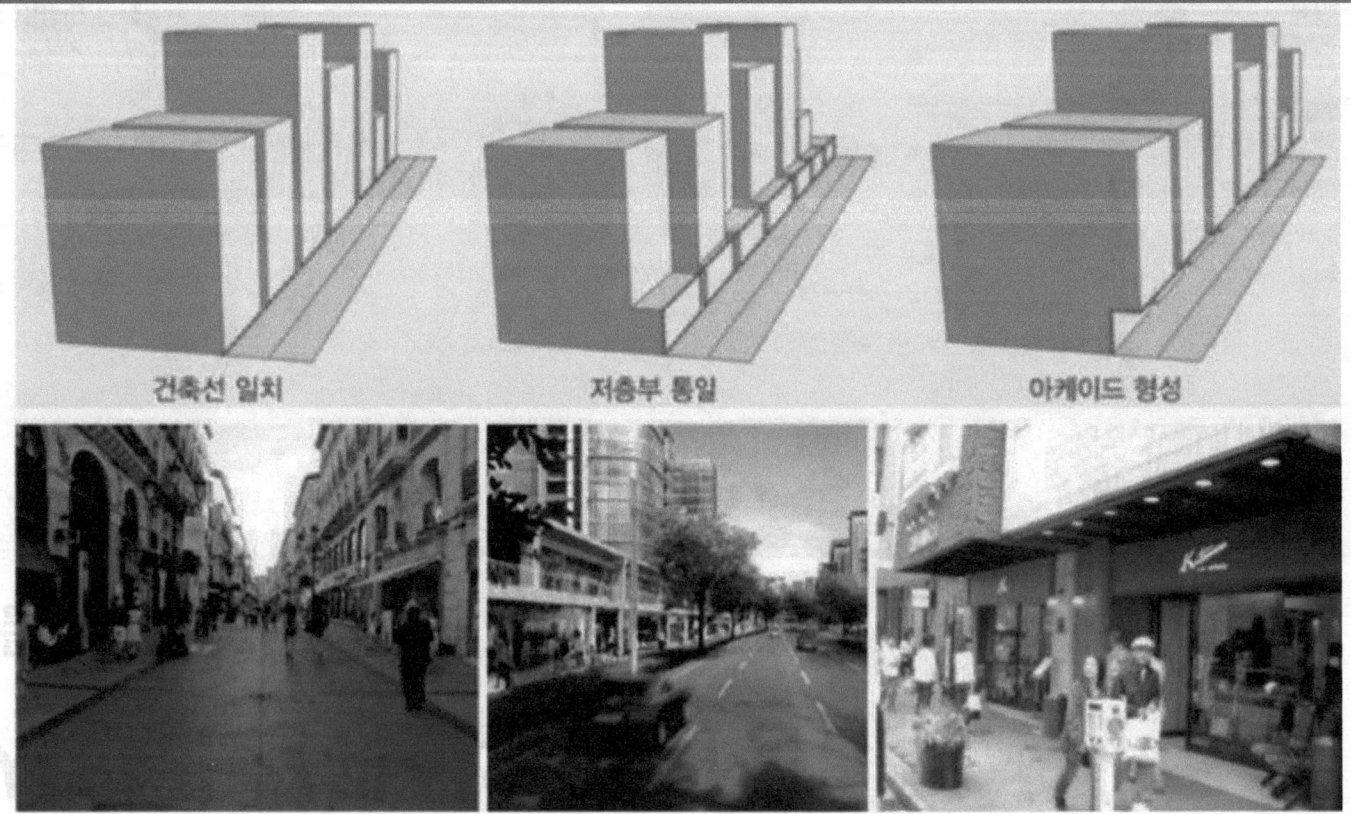

건축선 일치   저층부 통일   아케이드 형성

개발사업의 경관심의 주안점

★ 경관심의도서는 평면적 작성

9. 가로위계별 차별화된 계획을 검토하였는가?

- 가로의 성격과 테마에 따라 명확하고 구체적인 가로이미지를 제시하였는지
- 향후 실시계획단계에서 가로의 이미지구현을 위한 지침이 제시되어 있는지를 확인한다.

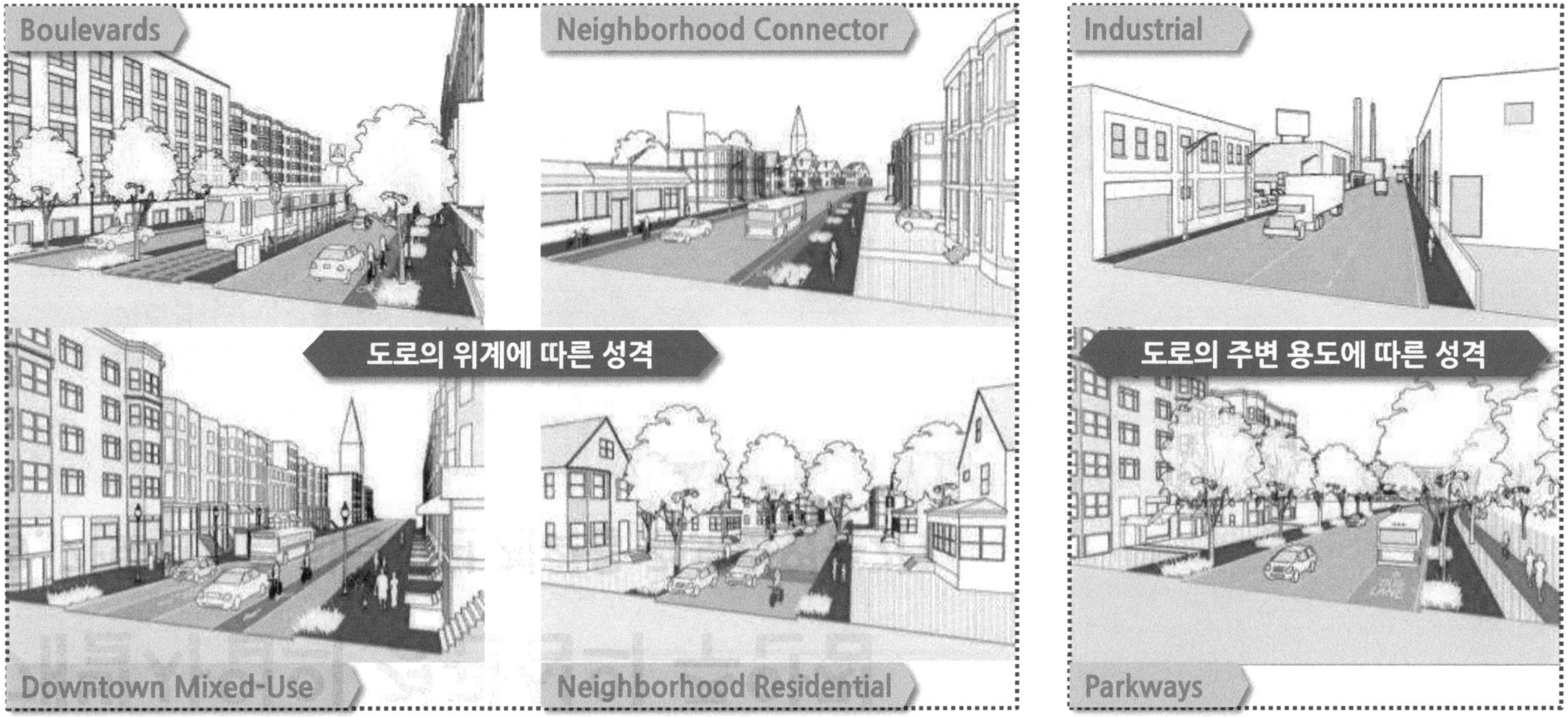

Boulevards	Neighborhood Connector	Industrial
Downtown Mixed-Use	Neighborhood Residential	Parkways

도로의 위계에 따른 성격

도로의 주변 용도에 따른 성격

개발사업의 경관심의 주안점

9. 가로위계별 차별화된 계획을 검토하였는가?

- 가로의 성격과 테마에 따라 명확하고 구체적인 가로이미지를 제시하였는지
- 향후 실시계획단계에서 가로의 이미지구현을 위한 지침이 제시되어 있는지를 확인한다.

가로경관의 성격을 규정할 때 고려해야 할 요소
: 도로 구성과 규모,
: 도로 폭과 건축물의 높이 비례,
: 가로에 접한 용지 성격이나 건축물 용도
: 보행자 시각(휴먼스케일) 중심 등

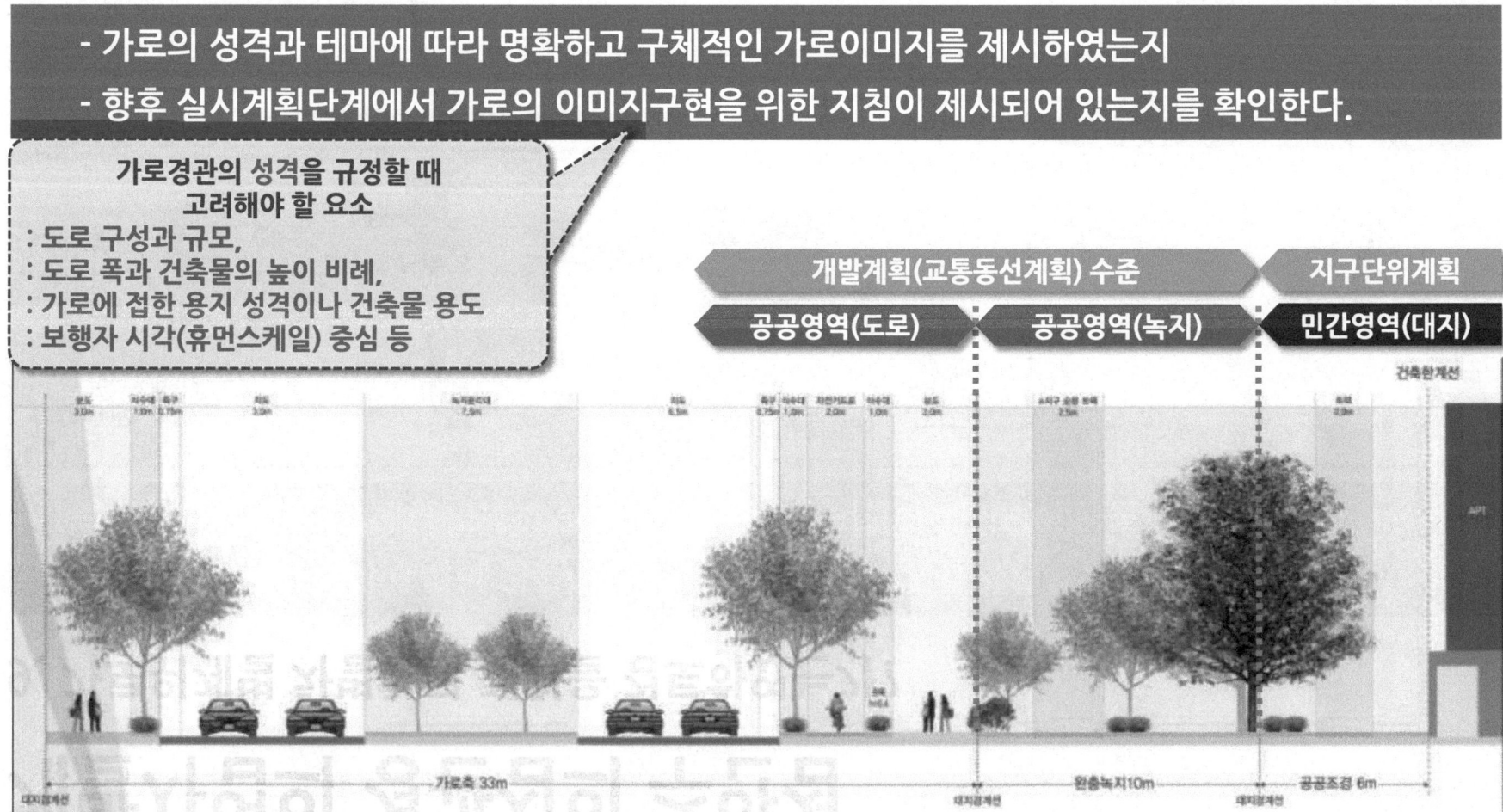

개발사업의 경관심의 주안점

9. 가로위계별 차별화된 계획을 검토하였는가?

- 가로의 성격과 테마에 따라 명확하고 구체적인 가로이미지를 제시하였는지
- 향후 실시계획단계에서 가로의 이미지구현을 위한 지침이 제시되어 있는지를 확인한다.

가로경관의 테마를 규정할 때 고려해야 할 요소
: 도로의 성격에 적합한 테마인가? Yes ▶
: 맞지 않는 다면? No! ▼

도로의 공간감을 조정 또는 창출
시설규모, 배치, 색상 등 제시

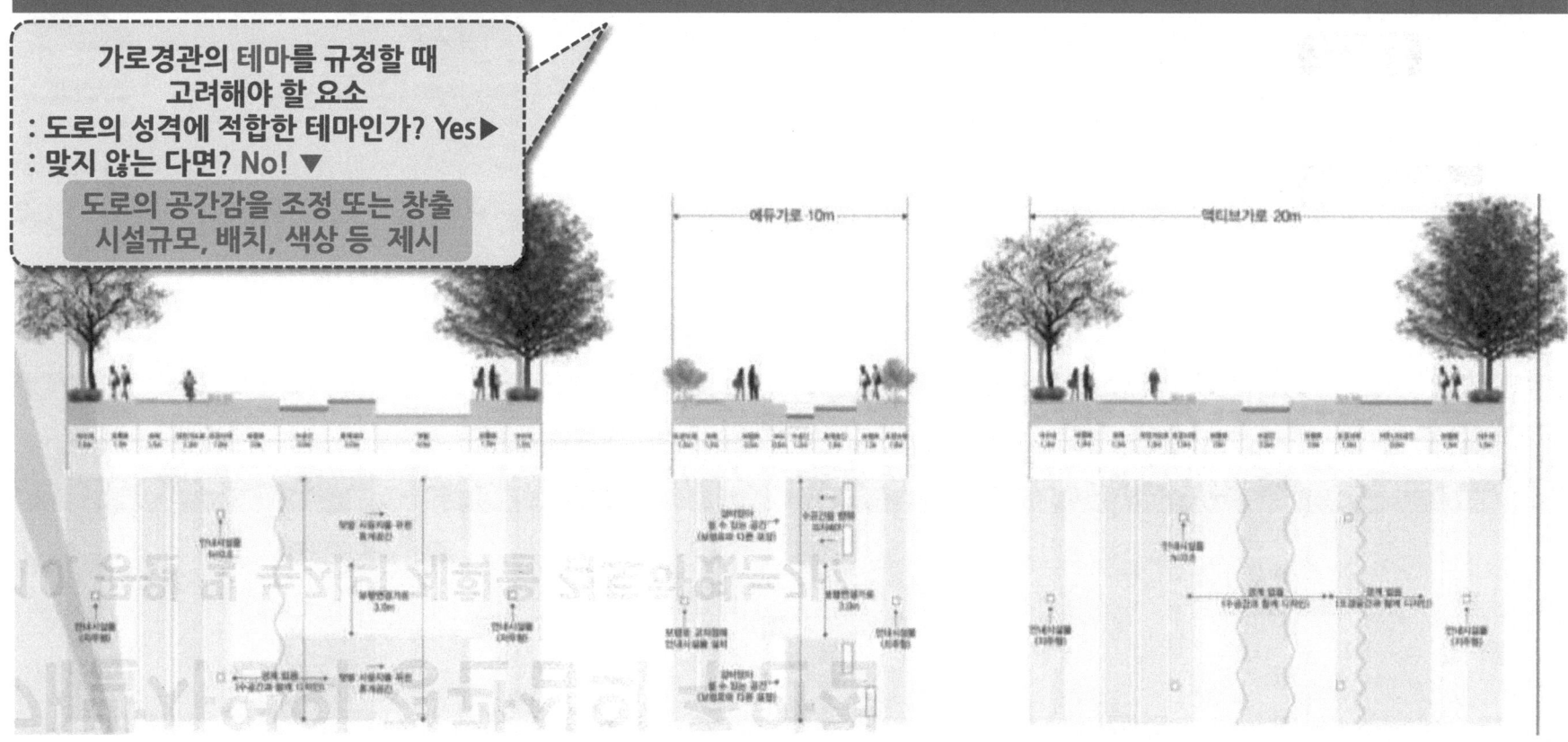

개발사업의 경관심의 주안점

경관심의도서는 평면적 작성

10. 공원 및 녹지의 계획을 검토하였는가?

- 규모, 위치, 성격(테마)이 지역을 고려했는가? 주변 용도와의 연계성이 고려되었는가?
  > 주변의 유사 공간(시설)들과 유기적으로 연결되어 있는지, 동선의 흐름은 단절되지 않았는지...

'**공원의 규모와 위치**'가 정해진 다음에는

: 공원으로의 접근성이 확보되었는지,
: 보다 쉽게 접근 가능한지,
: 공원이용자를 위한 건축적 배려가 있는지,
: 지역중심의 공원인 경우 테마실현을 위한
  공간, 식재, 포장, 시설 등에 대한 지침성격

개발사업의 경관심의 주안점

★ 사전경관계획만 해당

11. 기타사항의 계획방향을 검토하였는가?(야간경관)

- 건축물, 시설물, 공간의 기능과 특성을 고려하여 계획방향을 설정한다.
  > 조망, 입지, 기능 등의 특성과 위계에 따라 계획하며 다양한 스토리를 연출한다.

개발사업의 경관심의 주안점

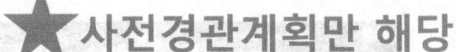 사전경관계획만 해당

11. 기타사항의 계획방향을 검토하였는가?(색채경관)

- 주변 환경색채를 고려하여 조화로운 색채를 계획한다.
> 특정 색채 적용을 통한 지역의 장소성 및 정체성을 강조할 수 있다.

개발사업의 경관심의 주안점

★ 사전경관계획만 해당

11. 기타사항의 계획방향을 검토하였는가?(옥외광고물)

- 옥외광고물의 규제와 완화를 통한 독창적인 경관을 연출한다.
> 광고물의 특정 유형, 색채, 형식(디지털 등)의 적용을 통하여 특화거리를 조성할 수 있다.

개발사업의 경관심의 주안점

사전경관계획만 해당

11. 기타사항의 계획방향을 검토하였는가?(공공시설물)

- 공공시설물의 통합 디자인을 통하여 가로의 이미지를 통일한다.
> 동일한 디자인 모티브를 적용한 공공시설물 디자인으로 공간의 이미지를 통합한다.

개발사업의 경관심의 주안점

 사전경관계획만 해당

12. 주요도면 작성_종합계획도

- 토지이용계획에 사업전체에 경관적 영향을 주는 건축배치, 동선흐름, 중심상가군, 주요 오픈스페이스 등이 표현되어야 한다. > 매스 수준, 모형으로도 대체 가능

※ 통합지침도는 사전경관계획에 해당됨 (개발사업 경관심의에서는 작성할 필요 없음)

사업의 규모가 큰 경우 표현 사례

'종합계획도(masterplan)'란?
: 경관구조의 설정, 건축물, 가로, 공원 및 녹지를 표현한 평면적인 계획(안)
: 선과 몇 가지의 패턴 및 색채 사용, 간략히 표현

'표현'은? ◀ 가장 적절한 수준
: 건축물의 외곽선(규모 및 형태, 높이를 알 수 있도록), 강조채색 표현
: 공원, 녹지는 패턴, 식재, 행로 등을(보행동선 등 이용방향이 보일 수 있도록) 표현
: 사업의 규모가 큰 경우는 위의 표현들(건축, 공원, 녹지)을 생략하고 간단히 표현

개발사업의 경관심의 주안점

12. 주요도면 작성_조감도

 ★사전경관계획만 해당

- '종합계획도 수준'으로 주변지역까지 포함해서 표현되었는지 확인한다.
  > 필요 시 모형으로 대체 가능

※통합지침도는 사전경관계획에 해당됨 (개발사업 경관심의에서는 작성할 필요 없음)

'조감도의 취지'는 ?
개발사업으로 인한 지형, 건축물, 가로, 공원 및 녹지 등 경관의 변화를 예측하기 위한 것

3차원 컴퓨터 모델링 사례

'표현'은 ? ◀ 조금 거친 수준
- 지금 보고계신 사례는 지구단위계획의 '형태/밀도/높이의 배분, 스카이라인 검토 수준'입니다.

'표현'은 ? ◀ 조금 과한 수준
- 지금 보고계신 사례는 지구단위계획의 '경관상세계획 수준'입니다.

'조감도 작성' 전에 알아야 할 것은 ?
전체적인 경관구조나 주요 경관요소의 입체적 구상이 잘 읽히는 전망을 잡아야 한다는 것과 3차원 컴퓨터 모델링 스케치 정도로 과도한 그래픽은 지양

개발사업의 경관심의 주안점

★ 사전경관계획만 해당

12. 주요도면 작성_조감도

- '종합계획도 수준'으로 주변지역까지 포함해서 표현되었는지 확인한다.
  > 필요 시 모형으로 대체 가능

※ 통합지침도는 사전경관계획에 해당됨 (개발사업 경관심의에서는 작성할 필요 없음)

- 지금 보고계신 사례는 일반적으로 통용되고 있는 'CG(Computer Graphic, 분양홍보용)'로서 개발사업 경관심의에서는 '과도한 표현'으로 규정짓고 있습니다.

개발사업의 경관심의 주안점

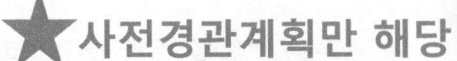 사전경관계획만 해당

12. 주요도면 작성_통합지침도

- 실시계획(또는 지구단위계획) 수립 시 계획의 내용이 빠짐없이, 일관되게 반영될 수 있도록 표현이 되었는가? > 3차원 계획도에 색채 및 패턴 사용을 최소화하여 간략한 선으로 표현되었는가?

※통합지침도는 사전경관계획에 해당됨 (개발사업 경관심의에서는 작성할 필요 없음)

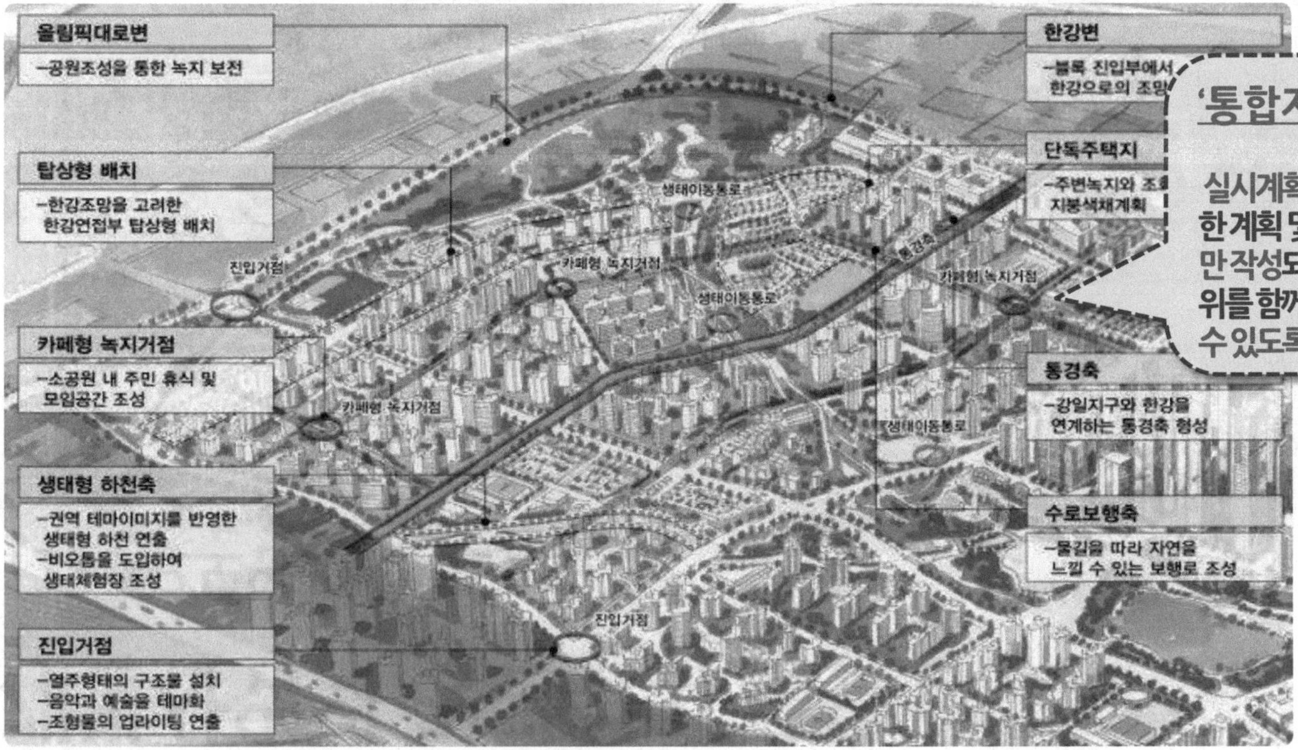

'통합지침도의 취지'는?

실시계획(또는 지구단위계획) 수립 시 필요한 계획 및 설계방향에 대해 기존에 주로 글로만 작성되었던 것을 3차원 도면에 위치 및 범위를 함께 표기하여 계획 내용을 쉽게 알아볼 수 있도록 하는 것

개발사업의 경관심의 주안점

13. 심의결과의 활용

- 경관심의 자료는 실시계획단계에서 지구단위계획의 가이드라인 성격으로 활용
- 심의결과 중 지구단위계획 반영사항 표기항목(신설 예정)

〈경관심의 체크리스트 (심의위원용) 중 지구단위계획 반영항목 신설(예시)〉

[심의의견*(심의위원용)]

구 분	내 용
지구단위계획(또는 실시계획) 반영사항	(필수, 권장) 심의의견
기타(필요시에 한해 작성)	(필수, 권장) 심의의견

심의위원(장):　　　　　　　(인)

〈지방도시계획위원회 운영 가이드라인 참고 2 지구단위계획 제안 검토내용(제안자용)수정(예시)〉

구분	참고 2 (현재)		참고 2 (수정안)	
구역지정	동일		동일	
토지이용계획	동일		동일	
기반시설 설치계획	동일		동일	
건축물계획	동일		동일	
교통처리계획	동일		동일	
경관계획	경관기본계획	동일	경관기본계획	동일
	-	-	관련계획(예시)	경관법 제 27조에 의한 경관심의 반영사항
	연접부 경관계획	동일	연접부 경관계획	동일
	원·중·근경 경관계획	동일	원·중·근경 경관계획	동일
	보행환경계획	동일	보행환경계획	동일
환경관리계획	동일		동일	

개발사업의 경관심의 주안점

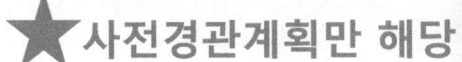 사전경관계획만 해당

7. 심의결과의 활용

- 심의도서 작성시 지구단위계획 반영(필수 또는 선택사항) 여부 명시 권장
  > 반영 여부 명시할 경우 필수 또는 권장(선택)사항으로 구분해서 제시(아래 예시 참조)

구분	내용	비고
■ 스카이라인 경관계획	- 업무용지 위치별로 층고제한을 달리 적용하여 주변과 조화를 이루는 스카이라인 경관형성 유도 - 지구 내 도로 인접부 공동주택은 건축선 이격 및 저층형 배치구간(12층~15층이하)을 설정하여 질서와 리듬감 있는 스카이라인 경관형성 유도 - 상암DMC 업무지구와 연계되는 업무용지 건축계획으로 리듬감있는 스카이라인 경관형성 - 지구를 관통하는 녹지축을 중심으로 산림경관 조망 확보	지구단위계획 시행지침(안) 해당부분적용
■ 가로경관계획	- 외장재는 첨단이미지를 연출할 수 있는 재료를 고려하여 반영 - 상암DMC 지역의 경관적 연결성 및 조화를 고려 - 건축선은 도로의 경계선으로부터 지정한 길이 이상 후퇴(3m)하여 건축 - 저층부와 고층부 이원적인 건축선 지정을 통하여 개방감 확보 - 저층부 상업군은 투시형 재료 사용 및 테라스 형태 도입권장	지구단위계획 시행지침(안) 해당부분적용 / 신규계획

7-3
건축물의 경관심의

집필자 : 김혜정, 김경인

건축물의 경관심의 개요

건축물의 경관심의 개요

1. 경관심의대상(법 제28조, 시행령 제21조, 지침 4-1-4)

- 경관지구 내 건축물(의무) : 조례로 정하는 건축물은 제외
- 중점경관관리구역 건축물(선택) : 조례로 정하는 건축물만 심의
- 해당 지자체의 조례로 정하는 공공건축물
- 그 밖에 해당 지방자치단체의 조례로 정하는 건축물
    - 기존의 건축심의대상은 제외한다.
    - 심의대상은 지자체 상황에 따라 정하되 중복으로 하지 않도록 한다.

- 건축허가가 개발사업에 의해 의제처리 된 경우의 건축물은 경관심의 대상이 아니나, 그렇지 않은 경우에는 개발사업 구역 내에 건축물에 대하여 조례로 정한 경우는 경관심의가 가능하다.
- 경관지구 안의 건축물은 건축허가를 받기 전에 경관심의를 받도록 하고 있으므로, 지자체 조례가 제·개정되지 않은 경우라 하더라도 모든 건축물을 심의대상으로 본다.(다만, 조례로 제외 대상을 정할 수 있음)
- 경관지구 내 건축물 중 경관심의대상은 건축허가 및 신고대상 건축물이 포함된다.

건축물의 경관심의 개요

1. 경관심의대상 (법 제28조, 시행령 제21조, 지침 4-1-4)

화성시 심의대상
경관지구 내 모든 건축물
미준공 택지개발지구 내 5층 이상 또는 연면적 2,000㎡ 이상
도로로 부터 50m이내, 고속국도로부터 150m 이내의 5층 이상 또는 연면적 2,000㎡ 이상
연안육역(연안해역으로부터 500m이내)의 5층 이상 또는 연면적 2,000㎡ 이상
공동주택 중에서 5층 이상 또는 연면적 2,000㎡ 이상
녹지, 관리, 농림, 자연환경보전지역 내

용인시 심의대상
경관지구 내 3층 이상, 중점경관관리구역 내 3층 이상, 공공건축물
도시철도로부터 400m 이내
고속국도로부터 100m 이내, 광로 및 대로로부터 50m 이내의 7층 이상 또는 연면적 5,000㎡ 이상
자동차관련시설 중 주차장 건축물, 기계식 주차장, 철골조립식 주차장
공동주택 색채경관

건축물의 경관심의 개요

1. 경관심의대상(법 제28조, 시행령 제21조, 지침 4-1-4)

▎남양주시 심의대상
공공건축물

▎안양시 심의대상
공공건축물 중 건축협의 대상

다중이용건축물

자동차관련시설 중 주차장 건축물

▎평택시 심의대상
경관지구 내 건축물

미관지구 내 5층 이상 또는 연면적 2,000㎡ 이상

공공기관 또는 지방공기업이 건축하는 2층 이상 또는 연면적 660㎡ 이상

민간건축물 중에서 5층 이상 또는 연면적 5,000㎡ 이상

건축물의 경관심의 개요

1. 경관심의주체(법 제28조)

- 건축허가 전 허가권자 **소속으로 설치하는** 경관위원회

- 도 건축위원회 심의대상 건축물*은 도지사 소속 경관위원회 **(이 경우, 기초지자체는 의견 제시)**

  * 건축법 시행령 제5조의5 : 21층 이상, 연면적 10만㎡ 이상 등

건축물의 경관심의 개요

1. 경관심의시기(지침 4-2-2)

- 경관지구 내 **건축물은** <u>건축위원회 심의 전</u>
- 중점경관관리구역, 공공건축물**은** <u>건축허가 전</u>

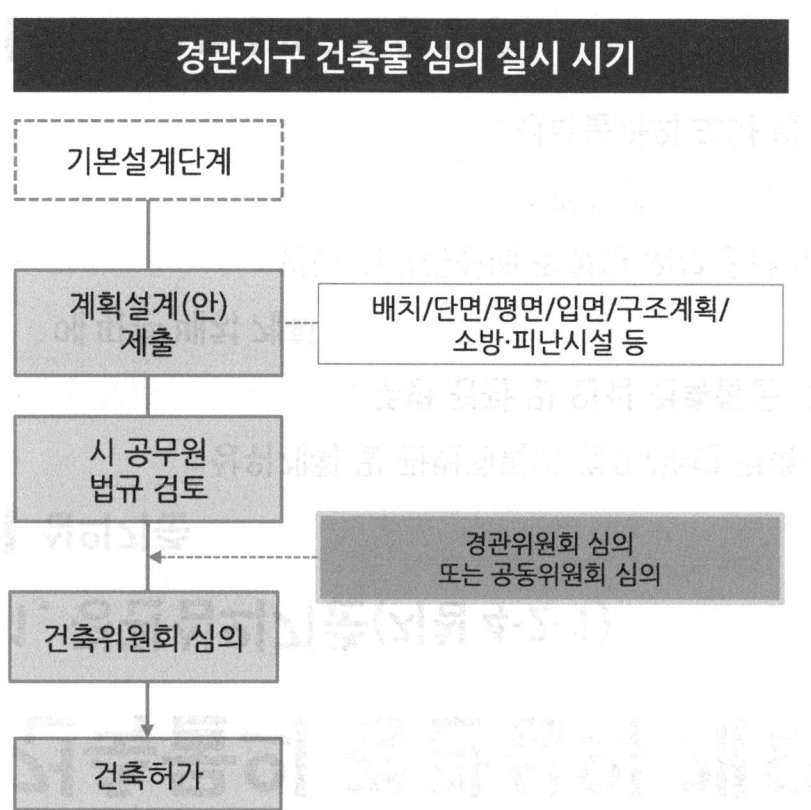

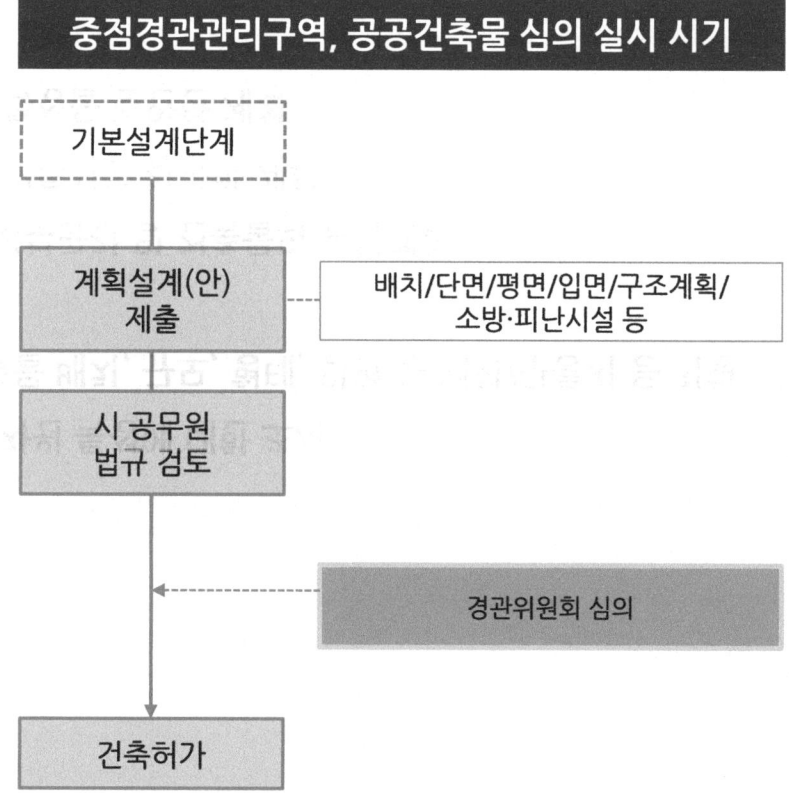

건축물의 경관심의 개요

1. 경관심의기준(지침 4-2-1)

▎심의기준
- 현황분석 : 상위계획 및 관련계획의 검토/주변 건축물 및 경관자원 특성에 대한 조사
- 배치/규모/형태계획 : 주변 경관 및 인접 건축물을 고려한 건축물 배치, 규모, 형태, 입면 등 계획/구릉지 등 지형에 따른 배치 계획
- 외부공간계획 : 인접 가로특성에 적합한 외부공간계획/가로, 외부공간 및 건축물의 통합계획
- 옥외광고물계획(해당되는 경우) : 건축물과의 조화 및 주변 지역특성을 감안한 계획
- 외부조명계획(해당되는 경우) : 건축물과의 조화 및 주변 지역특성을 감안한 계획

▎체크리스트 심의기준을 운용
- 원활한 심의운용을 위해 체크리스트를 활용
- 체크리스트는 사업자용과 심의위원용이 있음
- 사업자는 체크리스트를 제출, 심의위원은 체크리스트로 심의

▎사업특성 및 지역여건 등에 따라 별도의 기준마련 가능
- 체크리스트 예시는 포괄적 내용이며 지자체마다 상황이 다르기 때문에 별도 마련
- 지구단위계획 또는 경관지구·미관지구의 도시관리계획, 중점경관관리구역계획 등은 해당 계획내용 반영

건축물의 경관심의 개요

1. 경관심의기준(경관체크리스트)

건축물의 경관체크리스트(사업자용)

구분	검토항목	반영	미반영	해당없음
배치·규모·형태·입면 계획	지역의 장소성 및 인접 건축물과의 연속성을 확보하는 등 주변과 조화로운 계획(건축선, 스카이라인, 형태, 입면 등)			
	구릉지의 경우 지나친 옹벽발생을 지양하고 주변 지형에 순응한 배치			
	건축물로 인해 기존 보행자들의 통행이 단절되지 않도록 주변 가로체계를 고려하여 배치하고, 필요시 공공보행통로를 계획			
	대규모 건축물의 경우 기단부를 설치하거나 전면부를 분절하는 등 휴먼스케일의 보행환경 조성			
	획일적이거나 과장된 디자인, 자극적인 색채 등은 지양			
	옥상설비 및 부속설비가 경관을 저해하지 않도록 계획			
외부공간 계획	장애인, 노인 등 보행약자의 접근, 이용, 이동에 불편이 없도록 무장애설계(Barrier free) 적용			
	담장, 울타리 등은 주변 건축물 및 지역특성과 조화되는 색채, 재료, 디자인 등 사용			
	건축물의 진입부 및 저층부는 가능한 경우 이용자·보행자를 위해 공원(쌈지공원, 도심형 공원 등), 광장 등으로 계획			
	건축물 진입부에 이용자의 시각을 방해하는 과도한 시설물 설치 지양			
	보행환경을 저해하지 않도록 차량·주차·보행동선을 계획하고, 가로와 인접한 부분이나 주 보행로와 인접한 부분에는 주차장 설치 지양			
	공개공지의 경우 인접한 건축물 공개공지의 특성과 입지를 고려하여 통합적 이용이 가능하도록 계획			
	공개공간은 보행로와의 연계 등 다양한 계획기법을 통한 공공성 확보			
옥외광고물 계획 (필요 시)	건축물의 입면과의 통합적 계획 및 해당 지역의 특성에 대한 배려			
	해당 지자체의 옥외광고물 가이드라인, 지침 등 준수			
야간경관 계획 (필요 시)	건축물의 용도 및 주변지역의 특성을 고려한 조도·휘도·색채 등을 계획하되, 과도한 연출은 지양			

* 반영한 경우 해당 페이지 명기, * 미반영 또는 해당없음에 대한 구체적인 설명, 특별히 강조하고자 하는 사항에 대한 부연 설명을 작성

건축물의 경관심의 개요

1. 경관심의기준(경관체크리스트)

건축물의 경관심의 개요

1. 경관심의도서(지침 4-3-1-7)

▌심의도서 작성내용

- 표지
- 목차
- 건축물 개요
- 현황분석
- 배치, 규모 및 형태, 입면계획
- 외부공간계획
- 옥외광고물계획
- 야간경관계획

▌심의도서 작성방법

- 용지규격은 A4로 하고 30면 이내
- 심의도서는 계획내용을 간결하게 표현하고 시각화하여 작성
- 자료는 최신자료의 사용, 출처를 명시
- 도면은 계획대상과 범위를 명확하게 구분하고, 이해가 쉽도록 작성
- 구체적인 자료는 부록으로 제출

건축물의 경관심의 기본원칙

건축물의 경관심의 원칙

1. 도시, 건축, 도시건축

■ 건축 = 도시건축

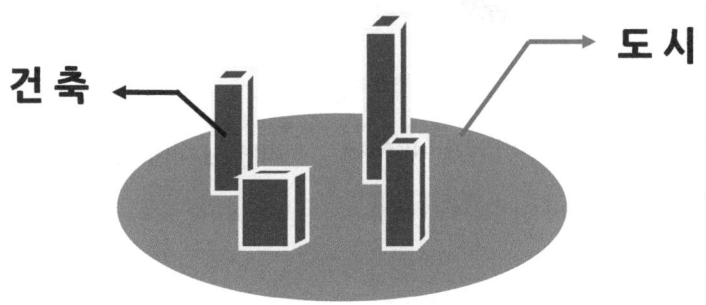

- 도시 안에서 이루어지는 모든 건축행위 = 도시를 만들어가는 행위

- **反도시적인 건축**
    - 주변과 조화롭지 못한 상업건물
    - 도시경관 파괴의 주범 고층아파트
    ⋮

- **親도시적인 건축 = 도시건축**

[反도시적인 건축물]

건축물의 경관심의 원칙

2. 건축물 경관심의의 범위

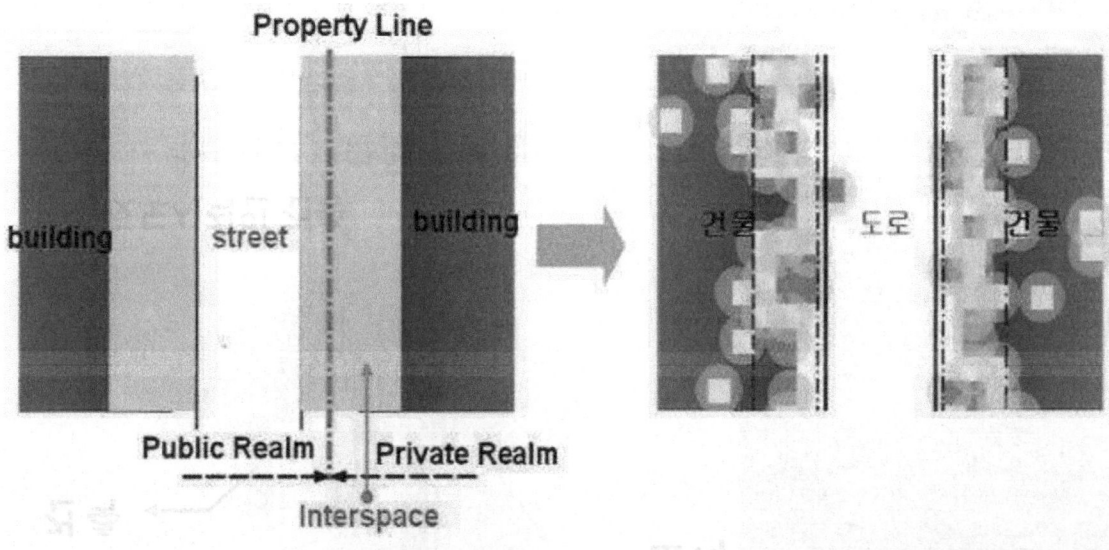

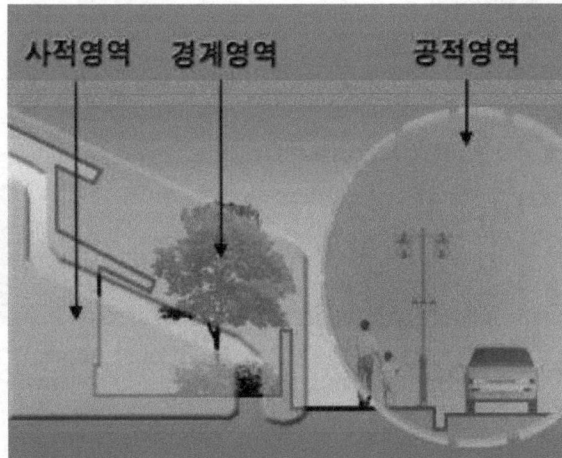

외부에서 보여지는 요소를 심의

건축물의 경관심의 원칙

3. 경관심의와 건축심의의 차이

경관심의	VS	건축심의
집합적		개별적
단지중심, 배치, 스카이라인		획지중심, 건물 내부
시각중시		기능중시
조망점, 시뮬레이션, 형태		공간효율, 실기능
장소중심		요소중심
지역자원, 경관특성, 장소차별화		설비, 구조, 교통, 조경

# 건축물의 경관심의 주안점

건축물의 경관심의 주안점

경관현황분석	1. 경관계획 및 지침을 검토하고 반영한다. 2. 건축물의 입지특성, 용도특성, 경관자원, 주변과의 관계를 검토한다.
배치 / 규모 형태 계획	3. 장소성 및 건물과 연속성을 확보하는 등 주변과 조화로운 계획 (건축선, 높이, 형태, 입면 등) 4. 구릉지의 경우 지나친 옹벽발생을 지양하고 주변 지형에 순응한 배치 5. 대규모 건축물의 경우 기단부를 설치하거나 전면부를 분절하는 등의 다양한 경관연출 6. 주변 가로체계를 고려하여 휴먼스케일의 보행환경 조성하고, 필요시 공공보행통로를 계획 7. 연속적 가로경관 형성을 위한 건축물의 입면 디자인 계획 8. 획일적이거나 과장된 디자인, 자극적인 색채 등은 지양 9. 보행환경을 저해하지 않도록 동선 계획(차량, 주차, 보행) 10. 옥상설비 및 부속설비가 경관을 저해하지 않도록 계획
외부공간계획	11. 장애인, 노인 등 보행약자의 접근, 이용, 이동에 불편이 없도록 무장애설계 적용 12. 담장, 울타리 등은 주변 건축물 및 지역특성과 조화되는 색채, 재료, 디자인 등을 사용 13. 건축물의 진입부 및 저층부는 이용자·보행자를 위해 공원, 광장 등으로 계획 14. 건축물 진입부에 이용자의 시각을 방해하는 과도한 시설물 설치 지양 15. 가로와 인접한 부분이나 주 보행로와 인접한 부분에는 주차장 설치 지양 16. 공개공지는 인접한 건축물 공개공지를 고려하여 통합적 이용이 가능토록 계획 17. 공개공지는 보행로와의 연계 등 다양한 계획기법을 통한 공공성 확보
광고물 야경, 기타계획	18. 광고물은 건축물의 입면과의 통합적 계획 및 해당 지역의 특성에 대한 배려 19. 해당 지자체의 옥외광고물 가이드라인, 지침 등 준수 20. 건물용도 및 지역특성을 고려한 조도·휘도·색채 등을 계획하되, 과도한 연출은 지양 21. 신재생에너지는 건축물과 일체화

건축물의 경관심의 주안점

1. 해당 지자체의 경관계획과 경관지침을 검토하고 반영하였는가?

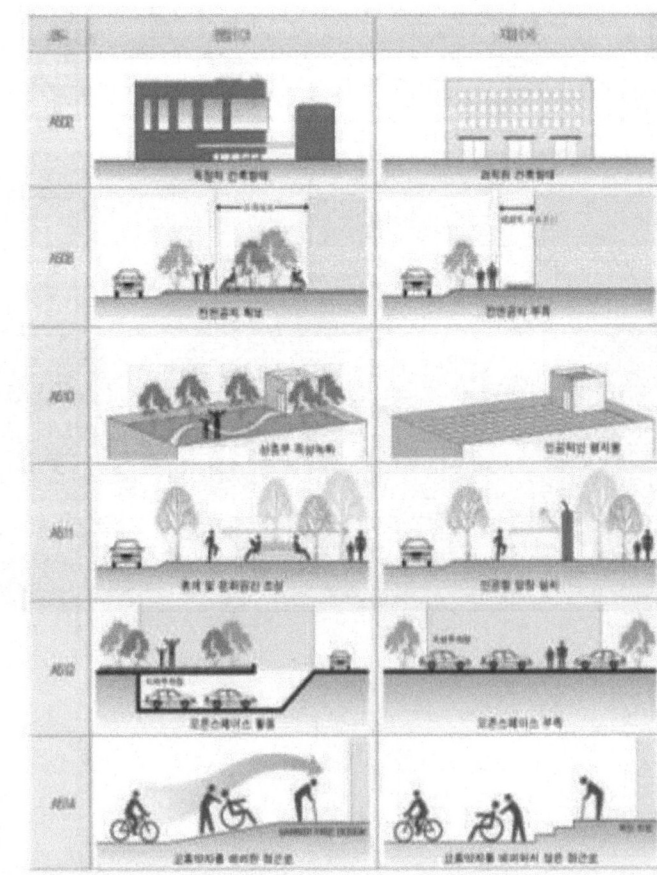

건축물의 경관심의 주안점

2. 건축물의 입지특성, 용도특성, 경관자원, 주변과의 관계를 검토하였는가?

■ 건축물의 입지특성을 검토한다.
 : 산지, 수변, 도심, 역사, 도로등

■ 건축물의 용도특성을 검토한다.
 ; 공동주택, 다세대, 공장(창고), 업무, 공공, 상업

■ 건축물 주변의 경관자원을 파악한다.
 : 문화재, 역사자원 등

■ 건축물 주변과의 관계를 고려한다.
 : 주변정보 - 주변과의 관계, 인접 건축물을 파악, 보도와의 관계
  (건물, 가로수, 포장, 보도, 시설물, 정류장, 교차로 등)

건축물의 경관심의 주안점

2. 건축물의 입지특성, 용도특성, 경관자원, 주변과의 관계를 검토하였는가?

인천경제자유구역청 경관심의도서에서 발췌

건축물의 경관심의 주안점

3. 주변과 조화로운 계획을 하였는가? - 스카이라인

- 주변 건물과 조화되는 단계적인 스카이라인이 되도록 한다.
- 지역의 랜드마크적 특성을 부여하는 상징적 스카이라인이 되도록 한다.

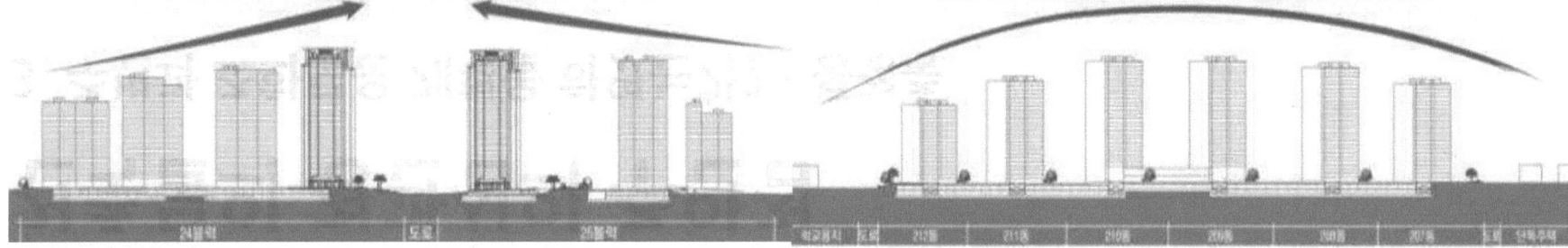

[지역 랜드마크]　　　　　　　　　　[스카이라인의 조화]

건축물의 경관심의 주안점

3. 주변과 조화로운 계획을 하였는가? - 통경축

- 주요 경관자원 또는 녹지 등으로의 통경축을 조성한다.
- 건축물의 개방적인 배치 및 건축선 이격을 통한 충분한 통경을 확보한다.

인터넷 발췌

인터넷 발췌

건축물의 경관심의 주안점

3. 주변과 조화로운 계획을 하였는가? - 건축선

- 건축선의 관리를 통하여 정돈된 건축경관을 연출한다.
- 인접 건축물과의 연속성을 유지하기 위한 건축선 관리를 유도한다.

건축물의 경관심의 주안점

3. 주변과 조화로운 계획을 하였는가? - 입면

- 건축물의 기능 및 주변 건축물과의 관계를 고려하여 다채로운 입면을 디자인한다.
- 규칙과 변화, 입체감과 깊이감 등의 연출로 단조로운 경관을 탈피한다.

건축물의 경관심의 주안점

3. 주변과 조화로운 계획을 하였는가? - 재료

- 건축물의 재료는 주변 건축물과의 조화를 고려하여 적용한다.
- 건축물의 입지적, 지역적, 기능적 특성을 반영하여 재료를 선정한다.

건축물의 경관심의 주안점

4. 옹벽발생을 지양하고 주변 지형에 순응하는 배치계획을 하였는가?

- 주변 지형을 반영한 건축물의 배치계획을 수립한다.
- 주변 산세를 고려한 점층적 변화를 도모하여 옹벽발생을 지양한다.

건축물의 경관심의 주안점

4. 옹벽과 비탈면에 대한 경관적 처리방안을 마련하였는가?

- 옹벽과 비탈면의 전면녹화 또는 입면녹화를 통하여 구조물의 이미지를 완화한다.
- 옹벽과 비탈면에 대해 간결한 입면, 색채, 재료, 구조 등을 활용한 계획을 마련한다.

건축물의 경관심의 주안점

5. 대규모 건축물의 경우 기단부를 설치하였는가?

- 가로경관의 위압감을 완화하고 변화감을 연출하기 위하여 고층과 분리되는 기단부를 계획한다.
- 기단부는 입면의 형태, 재료, 색채를 변화감 있게 연출하고 지역적 컨텍스트를 고려한다.

고층부와 저층부의 분리

건축물의 경관심의 주안점

5. 대규모 건축물의 경우 전면부를 분절하였는가?

- 획일적인 건축물의 외관변화를 위하여 저층부, 중층부, 상층부로 분할하여 다양한 경관연출을 한다.
- 입면의 분할은 일관성을 유지하되 차별적인 요소를 적용하여 조화롭게 계획한다.

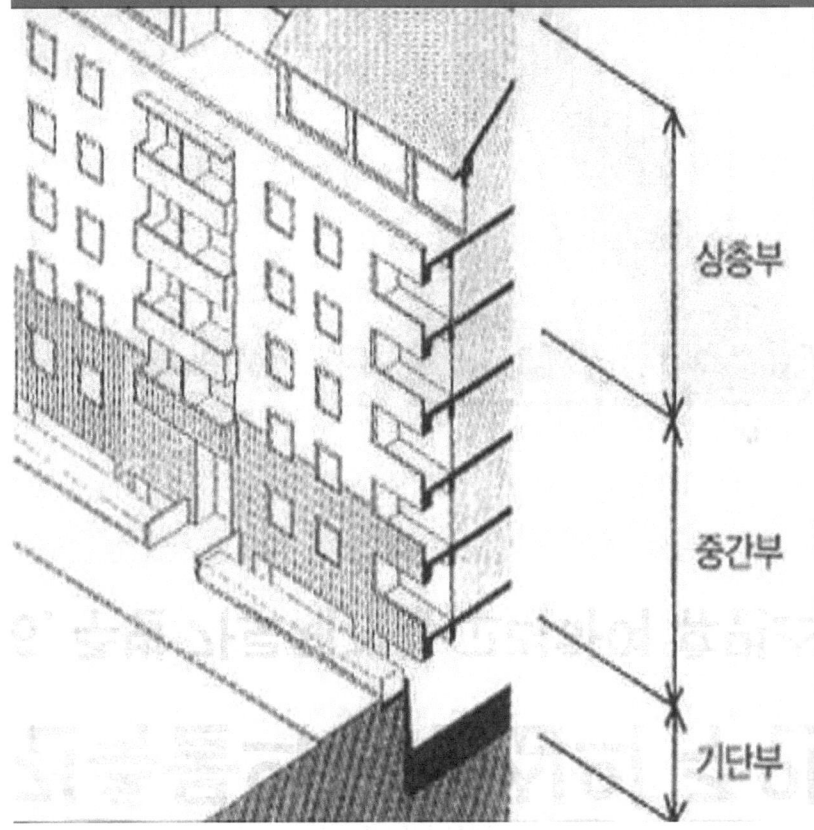

건축물의 경관심의 주안점

6. 주변 가로체계를 고려하여 휴먼스케일의 보행환경을 계획하였는가?

- 보행자를 고려하여 건축물 저층부에 아케이드 등의 보행로를 계획한다.
- 연속된 건축물의 동일한 기준을 적용하여 보행환경의 연속성을 유지한다.

1층 아케이드형

1층 캐노피형(경관협정)

2층 캐노피형(공공보행통로형)

건축물의 경관심의 주안점

6. 주변 가로체계를 고려하여 휴먼스케일의 보행환경을 계획하였는가?

- 전면공지와 보도의 통합을 통하여 보행환경의 확장을 도모한다.
- 보행자의 편의를 위해 동일한 높이를 유지하고 용이한 접근성을 가지도록 한다.

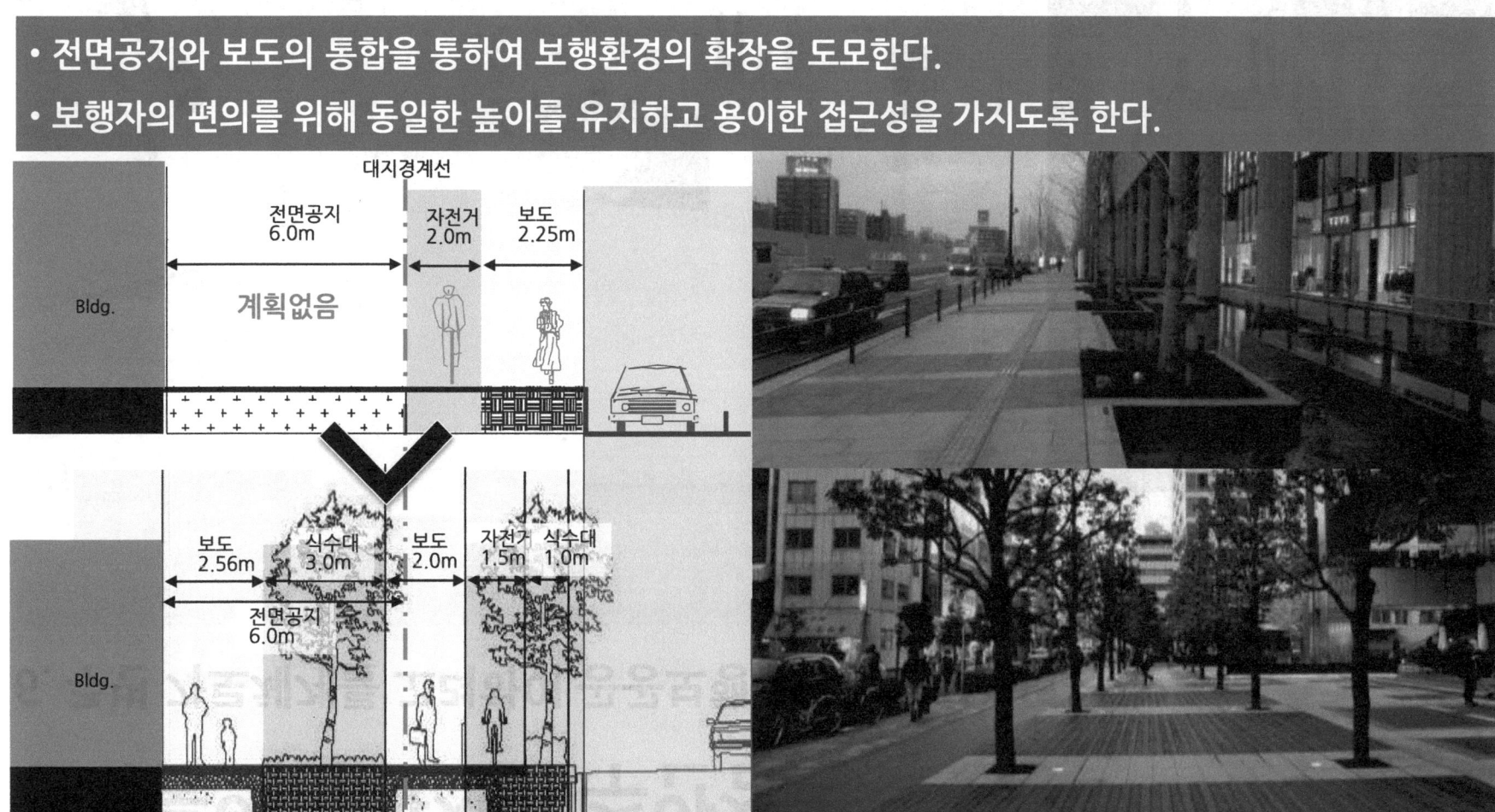

건축물의 경관심의 주안점

6. 주변 가로체계를 고려하여 공공보행통로를 계획하였는가?

- 보행자의 쾌적한 보행환경을 고려하여 건축물 내에 공공보행통로를 계획한다.
- 건축물 내에 공공보행로는 높은 층고계획으로 개방감을 높인다.

건축물의 경관심의 주안점

7. 연속적인 가로경관 형성을 위한 건축물 입면디자인을 계획하였는가?

- 동일한 단지 내 부대시설은 이미지를 통일한다.
- 부대시설의 기능에 따라 입면, 재료, 형태의 변화감을 연출한다.

본 디자인은 시흥은계지구 토탈디자인 보고서에서 인용

건축물의 경관심의 주안점

7. 가각부 건축물은 후퇴배치하여 개방감을 확보하였는가?

- 가각부 또는 결절부에 입지하는 건축물은 가각부에서 후퇴배치하고 공공공간을 확보한다.
- 공공공간은 개방감을 높이고 녹음공간, 휴식공간, 문화공간 등을 마련한다.

건축물의 경관심의 주안점

8. 획일적인 디자인을 지양하였는가?

- 건축물의 일렬배치, 대칭배치 등의 획일적인 배치계획을 지양한다.
- 건축물의 형태와 입면은 단조롭고 평면적인 계획을 지양하고 입체감과 변화감을 연출한다.

건축물의 경관심의 주안점

8. 과장된 디자인을 지양하였는가?

- 건축물의 입면의 과도한 장식, 불필요한 돌출 등을 지양한다.
- 일관성 있는 패턴과 입면의 변화로 간결하게 연출한다.

건축물의 경관심의 주안점

8. 자극적인 색채를 지양하였는가?

- 건축물 입면의 과도한 패턴, 돌출되는 색채 등을 지양한다.
- 간결한 색채를 사용하고 고층으로 갈수록 주변과 동화되도록 연출한다.

건축물의 경관심의 주안점

9. 보행에 불편함이 없는 동선체계를 마련하였는가?

- 보행로는 단절구간을 최소화하고 순환되도록 보행체계를 마련한다.
- 보행로에는 보행에 지장을 줄 수 있는 시설 배치를 지양한다.

건축물의 경관심의 주안점

10. 옥상설비가 경관을 저해하지 않도록 하였는가?

- 옥상설비는 높이를 최소화하여 돌출되지 않도록 한다.
- 옥탑높이를 최소화 할 수 있는 기능시설 적용을 권장한다.

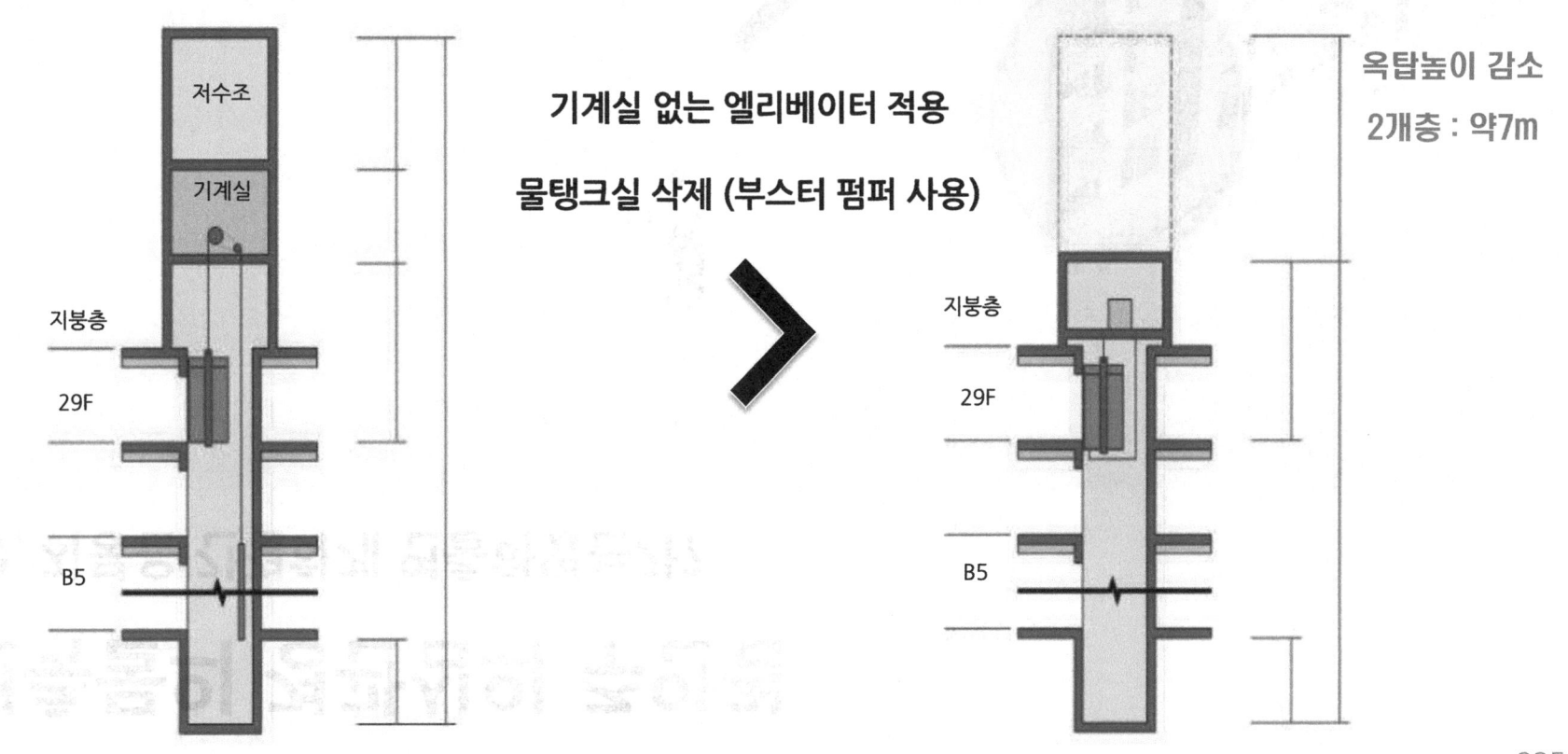

건축물의 경관심의 주안점

10. 지붕은 간결하게 연출하였는가?

- 지붕은 건축물의 형태, 입면과 일체감을 가지도록 한다.
- 간결한 디자인으로 시각적 돌출대상이 되지 않도록 한다.

건축물의 경관심의 주안점

10. 지붕은 간결하게 연출하였는가?

- 지붕은 건축물의 형태, 입면과 일체감을 가지도록 한다.
- 간결한 디자인으로 시각적 돌출대상이 되지 않도록 한다.

본 디자인은 시흥은계지구 토탈디자인 보고서에서 인용

건축물의 경관심의 주안점

10. 지붕은 옥상정원 등으로 녹화하였는가?

- 옥상층에는 옥상정원으로 조성하여 녹음과 휴식을 제공한다.
- 녹음공간과 휴게시설의 일체화를 통하여 정돈된 경관을 연출한다.

건축물의 경관심의 주안점

10. 설비시설이 경관을 저해하지 않도록 하였는가?

- 옥상층의 물탱크, 에어컨실외기 등의 설비시설은 외부로의 노출을 최소화한다.
- 외부에 노출될 경우에는 차폐시설을 계획하고 동일한 단지, 건축물에서는 통일한다.

설비시설 전면부

차폐시설 설치

건축물의 경관심의 주안점

11. 무장애 설계를 하였는가?

- 보행에 불편함이 없는 공간으로 조성한다.
- 보행로는 단차를 없애고 필요 시에는 캐노피 등의 시설을 설치 할 수 있다.

건축물의 경관심의 주안점

12. 담장, 울타리 등은 주변과 조화되는 색채, 재료, 디자인을 사용하였는가?

- 담장, 울타리 등의 경계부는 녹음을 활용하여 부드럽게 처리한다.
- 형태, 재료, 색채 등을 활용하여 입체적인 공간으로 연출한다.

건축물의 경관심의 주안점

13. 진입부와 저층부는 보행자를 위해 가로공원화 하였는가?

- 경계부는 녹음, 휴게공간, 전시공간 등의 공공공간으로 조성하여 가로공원화 한다.
- 가로의 연속성을 유지하고 개방적이며 이색적인 공간으로 연출한다.

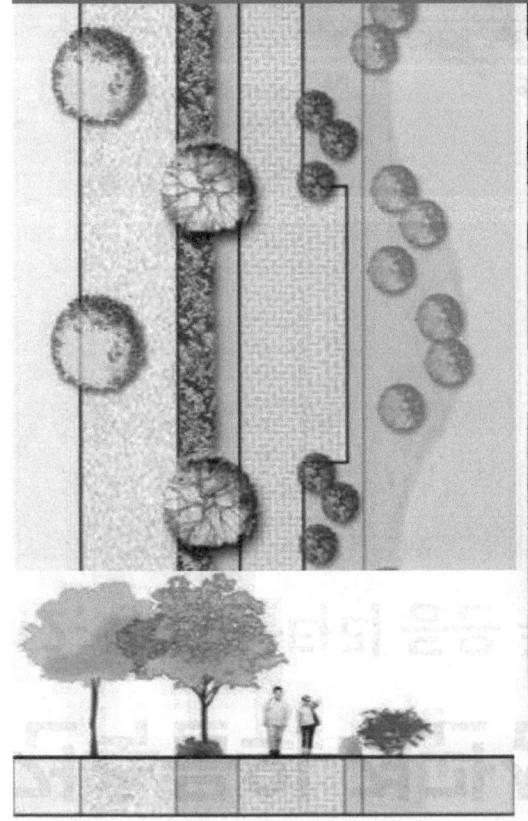

건축물의 경관심의 주안점

14. 진입부에 이용자의 시각을 방해하는 과도한 시설물 설치를 지양하였는가?

- 진입부는 개방적인 공간으로 조성하여 안정성을 확보한다.
- 시각을 방해하는 과도한 시설물, 식재를 지양한다.

본 디자인은 시흥은계지구 토탈디자인 보고서에서 인용

건축물의 경관심의 주안점

14. 진입부는 전면공간과 연계하여 개방감을 높이며, 간결하게 연출하였는가?

- 진입부는 전면공간과 연계하여 광장, 공원 등으로 조성한다.
- 게이트 시설 등을 계획할 경우에는 슬림한 구조로 개방감을 확보한다.

건축물의 경관심의 주안점

14. 경관적 위해시설 또는 공간은 녹음으로 차폐하였는가?

- 경관적 위해 시설 또는 공간은 전면을 식재하여 차폐한다.
- 전면부의 조형적 입면처리로 이미지를 강조할 수 있다.

건축물의 경관심의 주안점

15. 가로변 주차장 설치를 지양하고 주차장은 노출되지 않도록 하였는가?

- 주차장은 전면 또는 경계부에 식재를 통하여 외부로 직접 노출되지 않도록 한다.
- 주차 건축물로 계획하는 경우에는 조형적 입면처리를 계획한다.

건축물의 경관심의 주안점

16. 공개공지는 통합적 이용이 가능하도록 하였는가?

- 공개공지는 인접한 건축물과 통합적 이용이 가능하도록 한다.
- 건축물과 건축물 사이에 공동의 공개공지를 입지시켜 통합으로 설치한다.

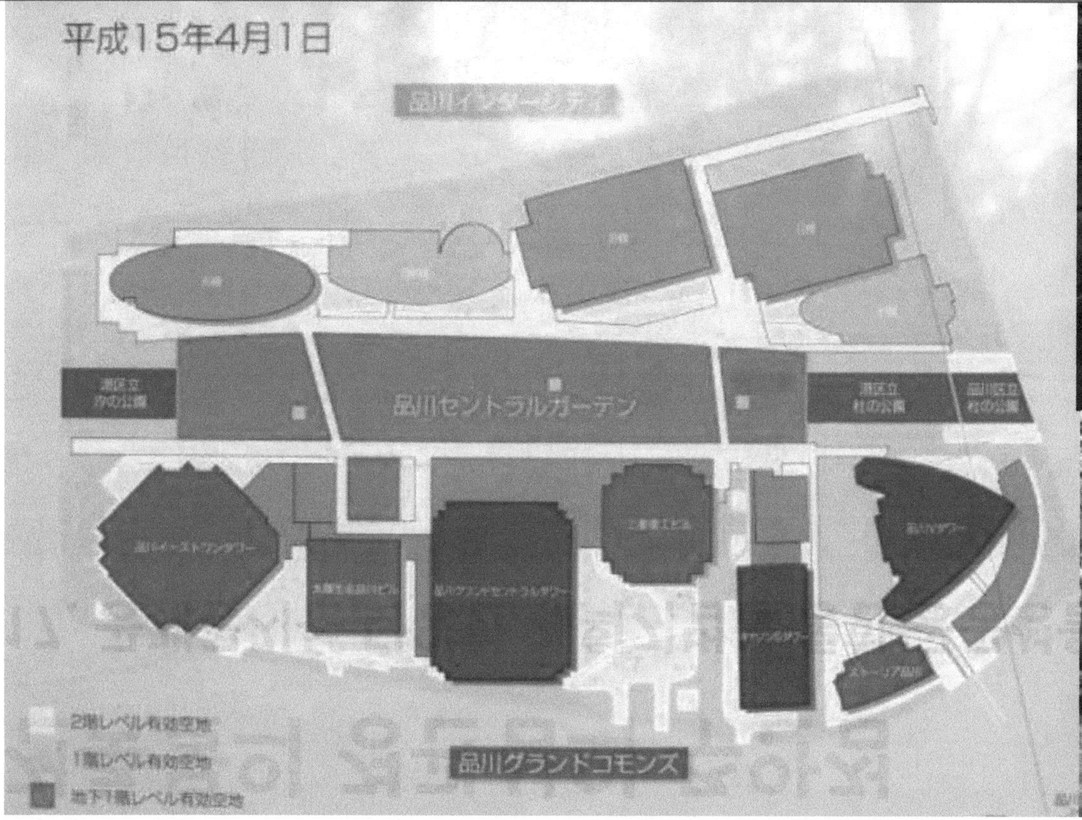

건축물의 경관심의 주안점

17. 공개공지는 다양한 계획기법을 통한 공공성을 확보하였는가?

- 공개공지는 다양한 기법과 프로그램의 적용으로 공공성이 확보되도록 한다.
- 보행공간에 빛의 유입을 계획하고 식재 등의 녹음공간을 계획한다.

건축물의 경관심의 주안점

18. 옥외광고물은 건축물과 일체화시키고 입면디자인을 계획하였는가?

- 옥외광고물은 별도로 설치하지 않고 입면요소로서 계획되도록 건축입면 디자인을 한다.
- 간판의 탈부착을 고려하여 가로형 간판, 돌출형 간판 등의 설치를 반영하도록 한다.

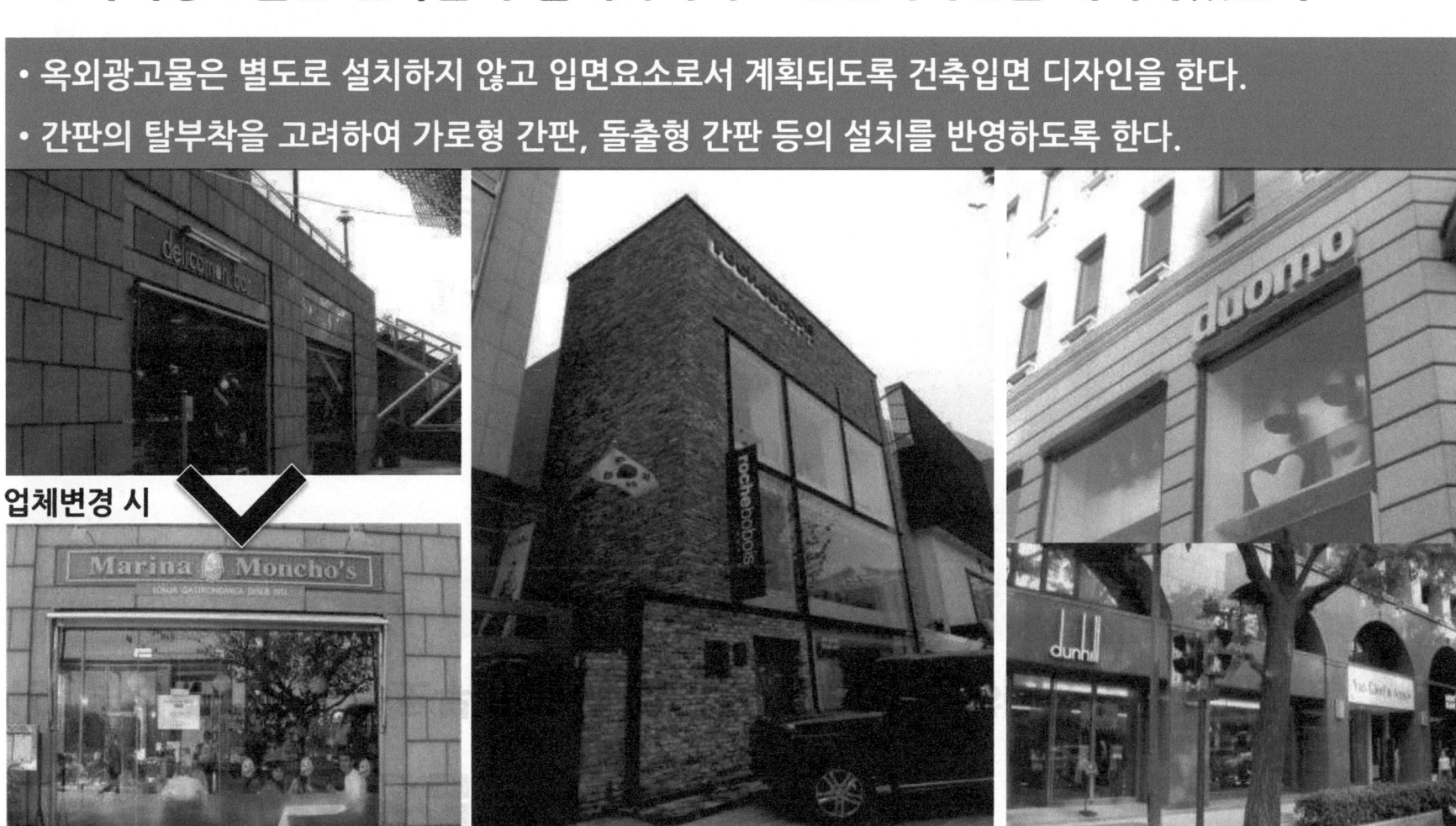

업체변경 시

건축물의 경관심의 주안점

19. 옥외광고물은 국토부지침 및 지자체지침을 반영하였는가?

> 건축법 시행규칙
> 제6조(건축허가신청등)
> 설계도서 입면도(간판설치)

- 국토부 '도시경관 개선을 위한 옥외광고물 가이드라인(2013)'을 반영한다.
- 국토부 '간판설치계획 작성을 위한 가이드라인(2014)'을 반영한다.

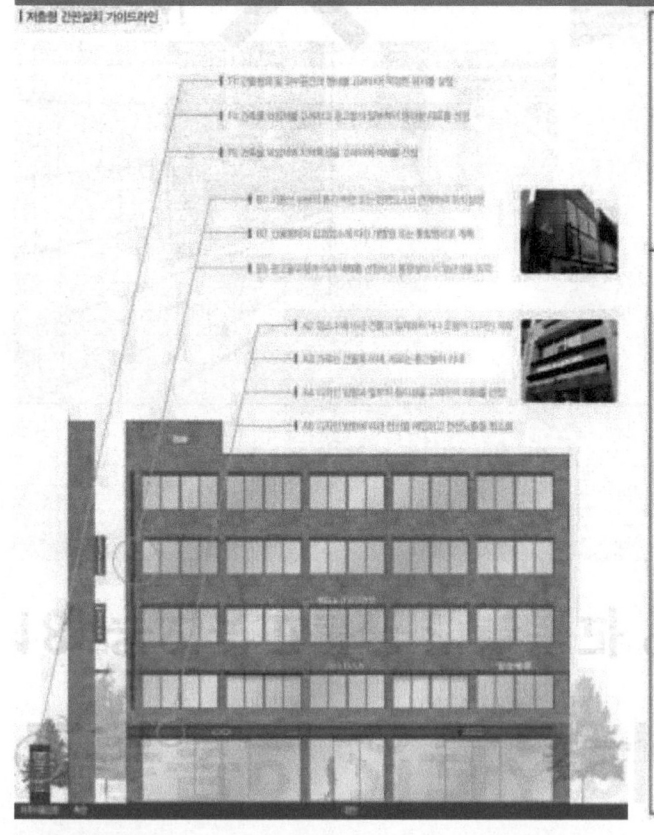

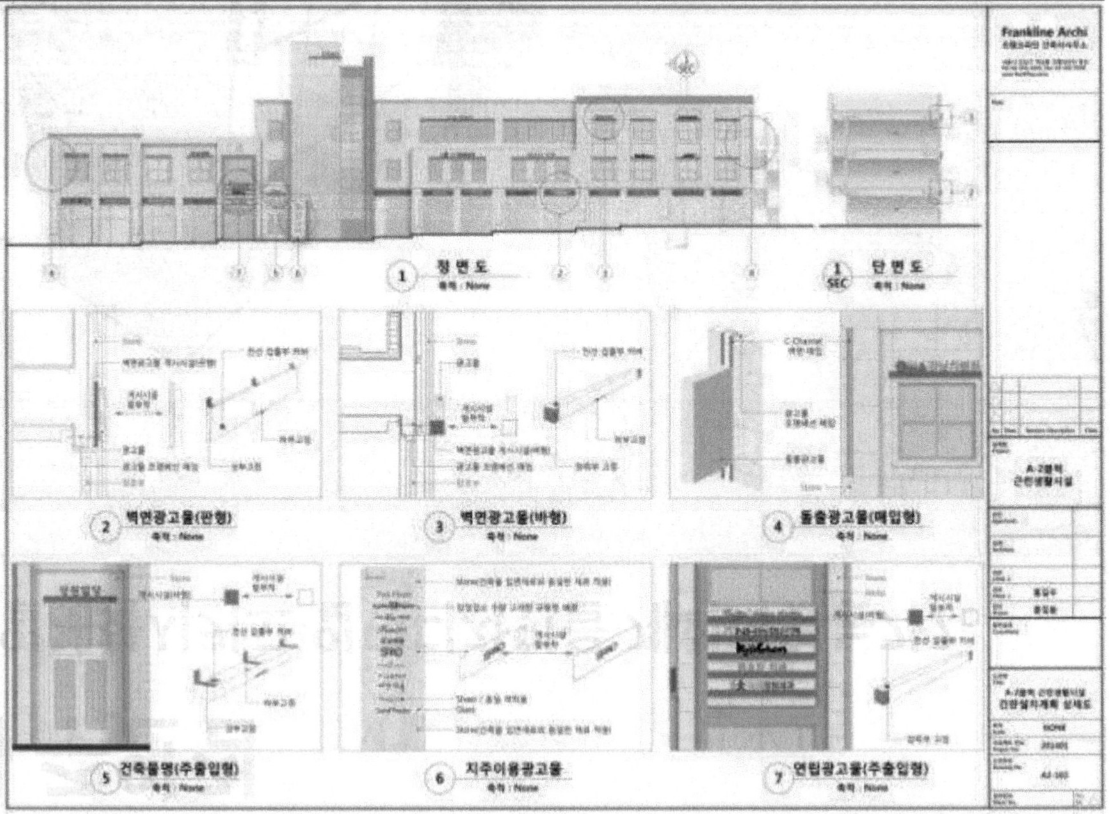

건축물의 경관심의 주안점

20. 야간조명은 용도와 주변 관계를 고려하고 과도한 연출은 지양하였는가?

- 야간조명은 건축물의 위치, 기능과 주변환경을 고려하여 조화롭게 한다.
- 조명대상의 특성을 연출하고 위계에 따라 간결하게 연출한다.

건축물의 경관심의 주안점

21. 친환경에너지 시설은 건축물과 일체화 시켰는가?

- 태양광 집열판 등의 친환경에너지 시설은 건축물의 형태, 입면 등과 일체화 시킨다.
- 친환경에너지 시설은 지붕면, 입면 등의 건축 요소로 활용한다.

인터넷 발췌

인터넷 발췌

건축물의 경관심의 주안점

22. 공공시설물은 통합디자인으로 통일하였는가?

- 공공시설물은 동일한 디자인 모티브를 적용하여 통일된 디자인을 한다.
- 기능 및 위치 등을 고려하여 통합 가능한 시설은 통합 설치한다.

7-4
경관심의 운영시 주의사항

집필자 : 김경인

경관심의 원칙

1. 경관심의의 이해

경관법규의 이해	경관법령, 경관심의지침, 경관계획지침, 지자체조례, 지자체 경관계획 등
경관심의의 이해	도시계획심의, 건축심의, 디자인심의 등과 경관심의의 차이를 이해
경관대상의 이해	건축물, 개발사업, 사회기반시설 등 / 유형, 시기, 규모, 대상(색채) 등
심의내용에 대한 이해	기본설계수준, 실시설계수준 등

2. 경관심의의 방향

- 평가나 규제가 아니라 경관향상을 유도하는 심의
- 경관은 개인의 것이 아니라 공공의 것임을 인지하는 심의
- 주어진 조건에서 최선의 결과를 찾는 방향으로 유도
- 주변과의 관계를 고려한 경관적 영향을 검토

경관심의 원칙

3. 경관심의의 진행

경관담당자의 의견제시, 자의적 해석은 금물
조건부의결과 상반된 의견 등은 위원장의 조정 기능 필요
심의안건에 따른 전문성을 가진 위원을 구성
검토편의성을 고려한 과도한 CG 요구는 지양
출력물, 화면의 색채를 일치시키는 요구는 지양

4. 경관심의 의견의 방향

발전적이고 대안적인 의견을 제시
경관과 관련 없는 의견을 지양
디테일한 내용에 대한 의견은 지양
과도한 비용을 초래하는 무리한 의견은 지양
사업대상지를 벗어나는 무관한 의견은 지양

경관심의 태도

1. 개인적 의견(개인적으로는...)

개인적 취향의 내용은 지양(선호하는 색채, 수종, 재료 등)

개인적인 의견은 지양(개인적으로는...)

자의적 해석 금지

2. 모호한 의견(뭔가 아닌 것 같다...)

구체적이거나 대안이 있는 의견 제시

처음부터 다시 해라

전면 재검토 해라

3. 전문분야 외의 의견(제가 전문가는 아니지만...)

제가 이 분야 전문가는 아니지만…	제가 경관을 잘 모르지만…
왜 이런 의견을 내는지 모르겠다.	무엇을 심의하라는 거냐?

그럼 왜 불렀느냐?고 화를 낸다.

경관심의 지양사항

1. 사회기반시설

| 경관 외의 요구금지
(외부에 영향을 주지 않는 의견) | 기능을 변경하는 요구 금지
특정공법에 대한 사항은 금물
구조적으로 불가능한 요구
제약사항을 초월하는 요구(예:홍수위 등) |

| 디테일한 요구금지
(실시설계 수준의 의견) | **기본설계에서 시설물에 대한 디자인을 요구(예:가로등, 방음벽 등)**
기본설계에서 구조물에 대한 상세디자인을 요구(예:교량난간 등) |

| 무리한 요구금지
(사업을 불가능하게 하는 의견) | **구조변경에 관한 사항**
외국 사례의 무분별한 적용을 요구
정해진 범위를 초과하는 요구(예:도로폭원 등) |

| 대상지 밖의 요구금지
(대상지를 벗어나는 의견) | **대상 노선, 대상 시설물 외의 것을 요구**
도로변 건축물 관리방안에 대한 의견을 제시 |

경관심의 지양사항

2. 개발사업

경관 외의 요구금지 (외부에 영향을 주지 않는 의견)	사업이익 환수에 관한 사항을 요구 타법이나 기존승인 내용을 뛰어넘는 요구
디테일한 요구금지 (실시설계 수준의 의견)	실시설계 수준의 조명을 요구(예:조명기구, 조명사양 등) 구체적인 디자인을 요구(예:조형물 디자인, 지하주차장 등) 계획에 제한을 주는 구체적인 색채를 요구(예:녹색지붕 등) 계획단계를 고려하지 않은 상세한 CG를 요구
무리한 요구금지 (사업을 불가능하게 하는 의견)	산업단지의 전선지중화를 요구 송전탑 디자인 변경이나 전신주의 높이조정을 요구 산업특성을 고려하지 않은 공장건물의 분동을 요구 무조건 통경축 확보, 도로의 지하화 등의 요구 건축설계 수준의 도면, CG, 조감도를 요구
대상지 밖의 요구금지 (대상지를 벗어나는 의견)	상위계획에 부합되지 않는 사항을 요구 대상지 밖에 구체적인 사항을 요구 해당사업의 결정범위를 벗어난 사항을 요구

경관심의 지양사항
3. 건축물

경관 외의 요구금지 (외부에 영향을 주지 않는 의견)	교통에 관한 사항(예:차로폭, 가감속차선, 회전반경 등) 구조에 관한 사항(예:태풍불면 위험, 구조검토 등) 설비에 관한 사항(예:단열재보강,지하층환기,결빙방지,세대내채광 등) 구조를 흔드는 사항(예:기둥제거 등) 내부평면에 관한 사항(예:화장실, 실배치, 계단실, 피난계단 등) 주차장에 관한 사항(예:주차대수, 지하주차장, 바닥포장재 등
디테일한 요구금지 (실시설계 수준의 의견)	디자인 요구에 관한 사항(예:벤치, 가로등, 문주 설치계획서 등) 조명상세에 관한 사항(예:조명기구, 조명배치 상세도 등) 미묘한 색채에 관한 사항(예:미묘한 색상차, 명도차, 채도차 등) 광고물 설계에 관한 사항(예:광고물 상세도를 보완) 실시설계에 관한 사항(예:투수성포장,유효토심,경량구조,방근쉬트 등) 지하주차장 디자인에 관한 사항(예:색채, 그래픽, 안내사인 등)
무리한 요구금지 (사업을 불가능하게 하는 의견)	색채심의에서 사용된 외장재의 샘플제출을 요구 모든 조망점에서 통경축 확보를 요구 스카이라인에서 단독주택과 동일한 층수 유지를 요구 아파트 주동 배면의 정면화를 위한 북향배치를 요구 놀이터 일조시뮬레이션을 요구
대상지 밖의 요구금지 (대상지를 벗어나는 의견)	대상지 밖의 토지에 조경계획을 요구 대상지 외부에 안전사고 방지를 위한 시설물 설치를 요구(예:반사경) 건축허가 전 사업부지 외부의 교통처리개선계획을 수립하여 협의 국도 접속부까지 진출차선의 추가확보를 요구 버스정류장을 교통흐름에 영향이 없도록 사업지 내에 계획

8
경관위원회 운영 및 경관행정

집필자 : 정두용

경관위원회

1. 경관위원회 기능(법 제30조)

▎심의를 거쳐야 할 사항
- 경관계획의 수립 또는 변경
- 경관계획의 승인
- 경관사업 시행의 승인
- 경관협정의 인가
- 사회기반시설 사업의 경관 심의
- 개발사업의 경관 심의
- 건축물의 경관 심의
- 경관에 중요한 영향을 미치는 사항
- 비용 등을 지원받는 경관협정의 결정
- 경관위원회 심의를 받도록 규정한 사항
- 해당 지방자치단체 조례로 정하는 사항

▎자문하여야 할 사항
- 경관계획에 관한 사항
- 경관사업의 계획에 관한 사항
- 경관조례 제정 및 개정에 관한 사항
- 경관에 중요한 영향을 미치는 사항

경관위원회

2. 경관위원회 설치(법 제29조)

▌국토부장관 또는 시·도지사등 소속으로 경관위원회 설치

▌경관위원회 운영이 어려운 경우 경관관련 위원회가 수행
  · 국토부장관 소속 경관위원회 기능 : 중앙도시계획위원회

▌해당 지자체 소속 시·도 경관위원회에서 심의요청 가능

경관위원회

3. 경관위원회 구성방법

| 경관위원회 | 관련위원회 | 공동위원회 |

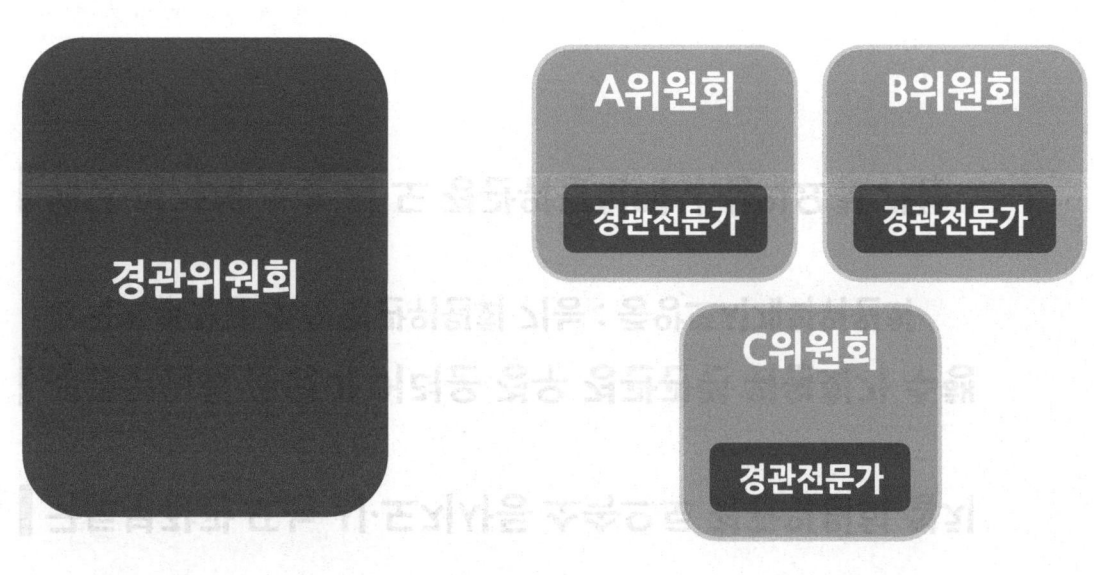
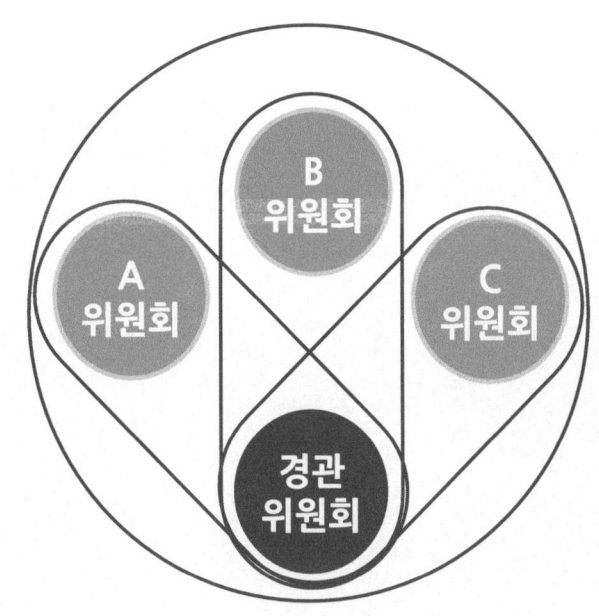

경관위원회가　　　　　　관련위원회가 경관전문가를 보강　　　경관위원회와 관련위원회가
경관심의 전담　　　　　　하여 해당분야 경관심의　　　　공동위원회를 별도로 구성

경관위원회

4. 경관위원회 구성(법 제31조, 영 제25조, 지침 6-1-1)

위원의 구성

- 위원장과 부위원장 각 1명을 포함하여 10명 이상 70명(인력풀) 이내의 위원으로 구성

위원의 자격

- 해당 지자체 지방의회 의원
- 해당 지자체 또는 경관계획과 관련이 있는 행정기관의 공무원
- 건축·도시·조경·토목·교통·환경·문화·농림·디자인, 옥외광고 등 전문가가 전체 위원 수의 2분의 1 이상

경관위원회 운영

1. 경관위원회 운영과 소위원회 운영

경관위원회 운영

- 위원장은 경관위원회의 업무를 총괄하여, 경관위원회를 소집, 의장 역할
- 회의는 위원장, 부위원장, 위원장이 회의 시마다 지정하는 8명 이상 20명 이내의 위원으로 구성
- 구성위원 과반수의 출석으로 개의하고, 출석위원 과반수의 찬성으로 의결
- 경관위원회 회의를 마친 후 10일 이내에 참석한 위원 명단 및 회의 결과를 인터넷 홈페이지에 공개

소위원회의 운영

- 심의의 효율성을 높이기 위하여 필요한 경우 심의 대상 사업의 종류 등을 고려하여 소위원회 설치 가능
- 소위원회는 위원장 1인을 포함한 7인 이내의 위원으로 구성
- 소위원회의 장은 경관위원회의 위원장 또는 부위원장이 지명
- 소위원회는 과반수의 출석으로 개의하고, 과반수의 찬성으로 의결

경관위원회 운영

2. 경관위원회 위상 및 성격

운영체계 (인천광역시 사례)

구 분	본 위원회	소 위원회
역 할	정책적, 종합적 성격의 안건심의	특정분야 사업에 대한 안건심의
위 원 장	행정부시장	지정위원 중 호선
구성위원	10명 이상 20명 이내	7명 이내
구성방법	위원장이 회의 시마다 지정	"좌동"
회의개최	안건발생시	월 1 ~ 2회
심의사항	• (법 제12조)경관계획의 수립 또는 변경 • (법 제13조)경관계획의 승인 • (법 제21조)경관협정의 인가	〈 도시경관 소위원회 〉 • (법 제27조)개발사업의 경관 심의 • (법 제28조)건축물의 경관 심의 〈 도시디자인 소위원회 〉 • (법 제16조)경관사업 시행의 승인 • (법 제26조)사회기반시설 사업의 경관 심의
자문사항	• 경관계획에 관한 사항 • 경관에 관한 조례의 개정 및 개정에 관한 사항	• 경관사업의 계획에 관한 사항
비 고	(개의 및 의결) 구성위원 과반수 찬성으로 개의하고, 출석위원 과반수 찬성으로 의결 * 소위원회에서 심의·의결은 경관위원회의 심의·의결을 거친 것으로 봄	

경관위원회 운영

3. 경관위원회 심의절차

심의운영사례(인천광역시 사례)

- 경관심의 운영을 위한 전문직 팀장 및 전문직 공무원 배치
- 안건 사전검토제 운영
- 7인 이내로 구성된 소위원회 중심 개최

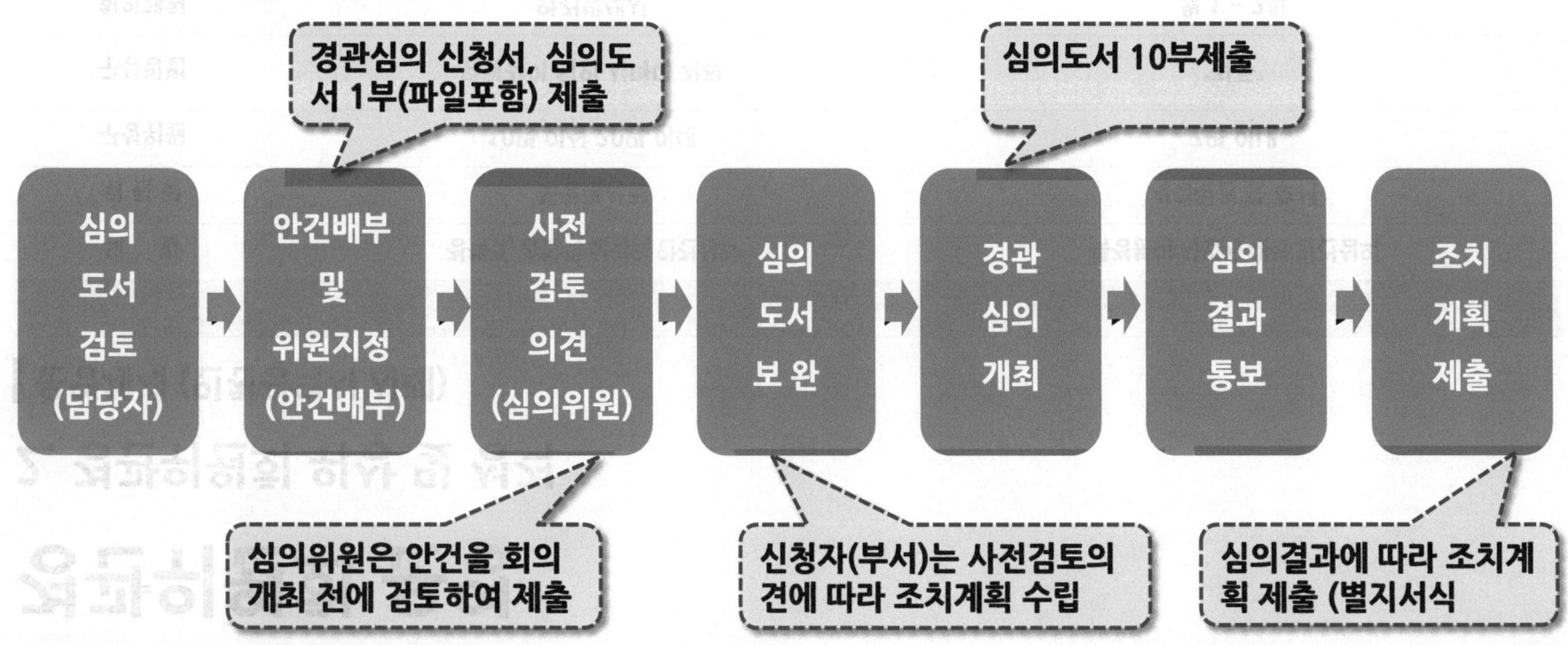

경관위원회 운영

3. 경관위원회 심의절차

심의도서검토 ▶ 심의안건배부 ▶ 사전검토의견 ▶ 심의도서보완 ▶ 경관심의개최 ▶ 심의결과통보 ▶ 조치계획제출

심의도서검토(인천광역시 사례)

- 검토시기 : 안건접수 전에 검토 (매월 20일 이전)
- 검토방법 : 심의담당자(공무원)와 수시로 진행
- 검토목적 : 심의도서의 계획적 완성도 제고 → 심의수준, 심의효율성 제고
  세부내용에 대한 디테일 조정 → 심의도서 작성에 대한 막연함, 모호성 해소

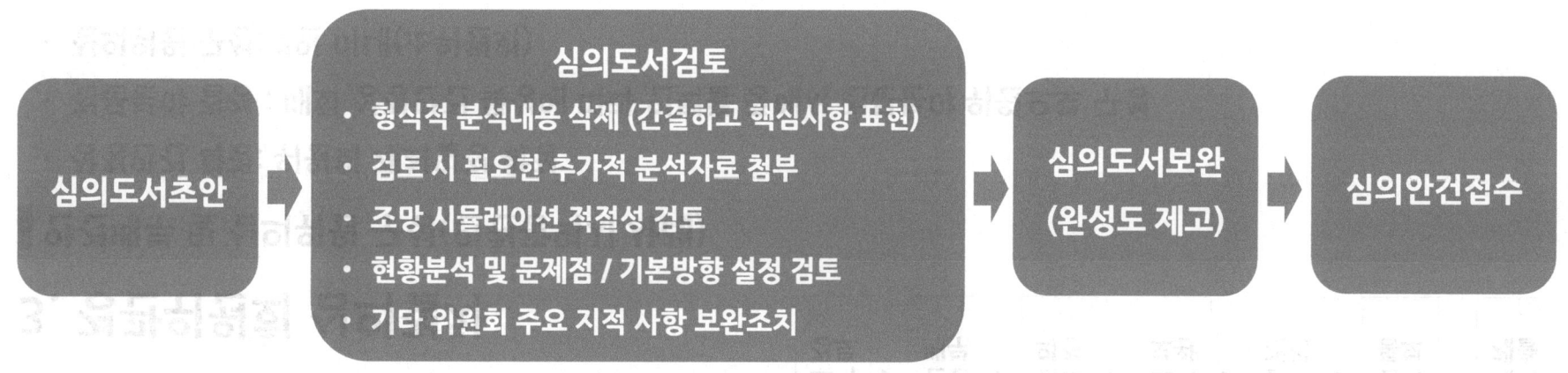

심의도서초안 → **심의도서검토**
- 형식적 분석내용 삭제 (간결하고 핵심사항 표현)
- 검토 시 필요한 추가적 분석자료 첨부
- 조망 시뮬레이션 적절성 검토
- 현황분석 및 문제점 / 기본방향 설정 검토
- 기타 위원회 주요 지적 사항 보완조치

→ 심의도서보완 (완성도 제고) → 심의안건접수

※ 심의도서검토 시 주의사항: 긴급, 주요사항 등 내용에 대해 관계부서와 사전 협의 진행

경관위원회 운영

3. 경관위원회 심의절차

심의도서 검토 ▶ **심의안건 배부** ▶ 사전검토의견 ▶ 심의도서 보완 ▶ 경관심의 개최 ▶ 심의결과 통보 ▶ 조치계획 제출

▌안건배부 및 심의위원 구성(인천광역시 사례)

- 상정안건 확정: 위원회 개최일정 확정
- 전문분야 결정 : 매회 상정안건 특성에 따라 인력풀 중에서 전문분야 위원으로 구성
- 심의위원 구성: 7인 이내(소위원회)

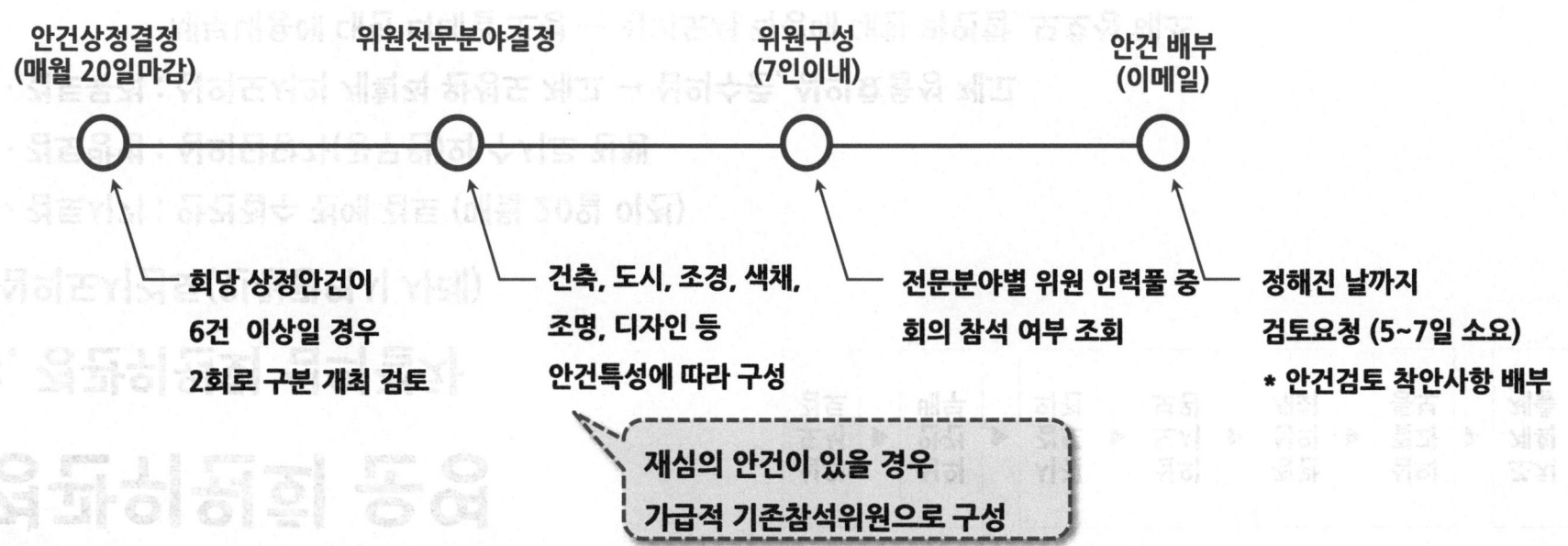

안건상정결정 (매월 20일마감) — 회당 상정안건이 6건 이상일 경우 2회로 구분 개최 검토

위원전문분야결정 — 건축, 도시, 조경, 색채, 조명, 디자인 등 안건특성에 따라 구성

위원구성 (7인이내) — 전문분야별 위원 인력풀 중 회의 참석 여부 조회

안건 배부 (이메일) — 정해진 날까지 검토요청 (5~7일 소요)
* 안건검토 착안사항 배부

재심의 안건이 있을 경우 가급적 기존참석위원으로 구성

경관위원회 운영

3. 경관위원회 심의절차

심의도서 검토 ▶ **심의안건 배부** ▶ 사전검토의견 ▶ 심의도서 보완 ▶ 경관심의 개최 ▶ 심의결과 통보 ▶ 조치계획 제출

안건배부 및 심의위원 구성(인천광역시 사례)

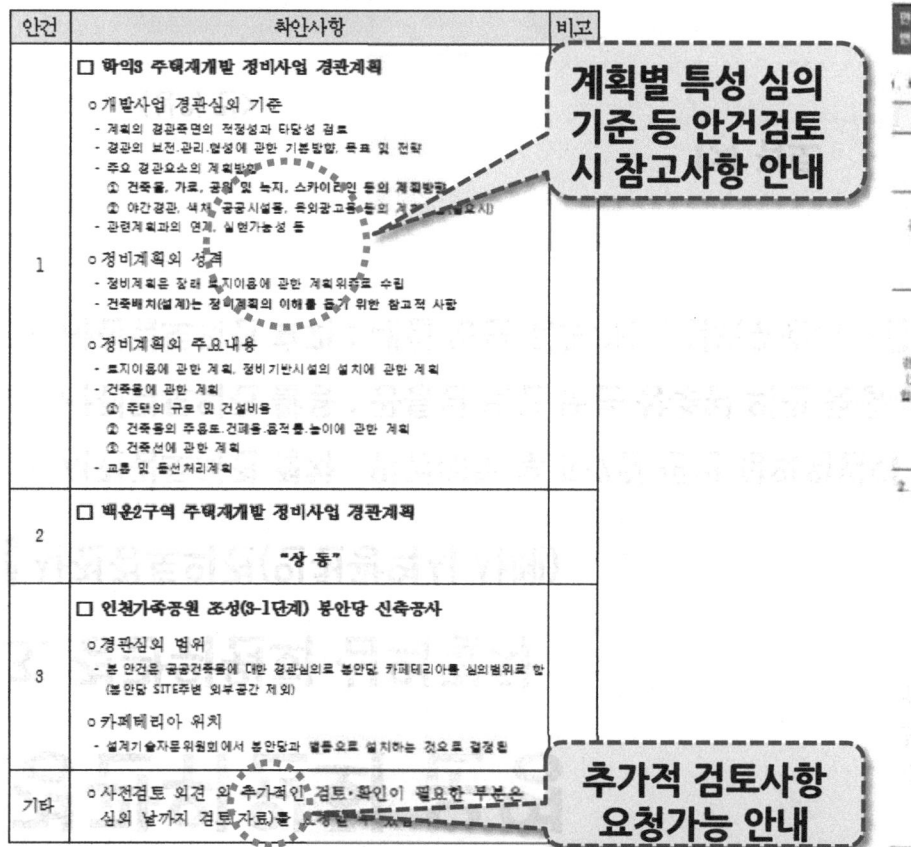

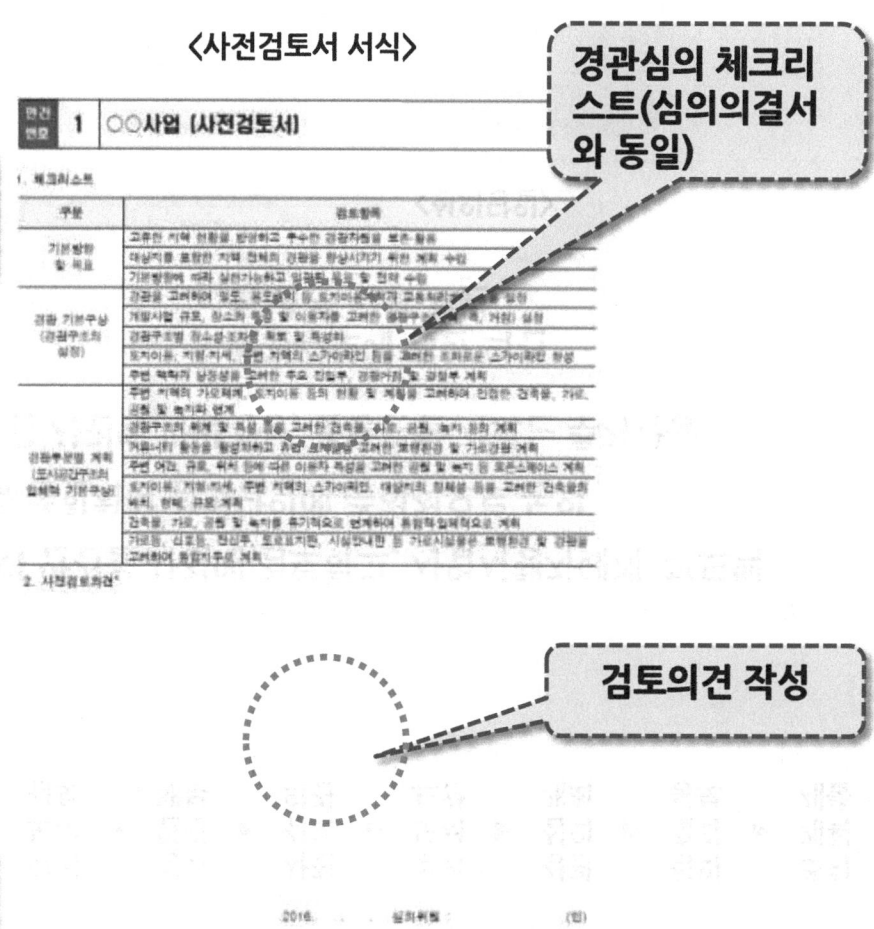

경관위원회 운영

3. 경관위원회 심의절차

사전검토의견(인천광역시 사례)

- 사전검토의견 절차 : 안건배부 후 5-7일 동안 심의위원이 안건을 사전에 검토하고, 사업시행자에게 피드백
- 사전검토의견 활용 : 공통된 의견 또는 상충된 의견 등을 종합하여 심의당일에 중점적으로 논의
- 사전검토의견 효과 : 내실 있는 검토가능, 심의위원의견을 사전에 파악가능, 불충분한 자료는 추가가능

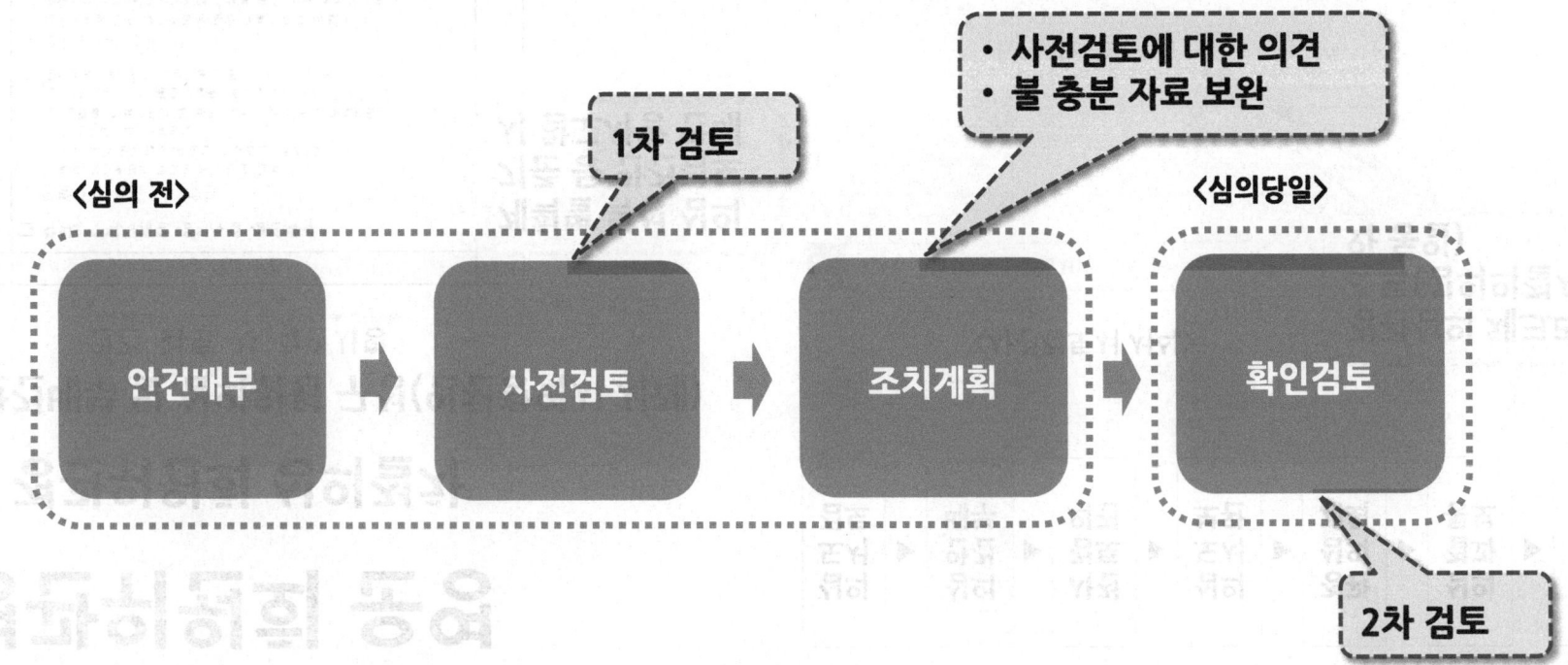

경관위원회 운영

3. 경관위원회 심의절차

사전검토의견(인천광역시 사례)

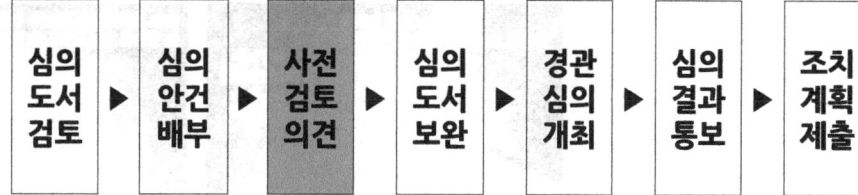

심의도서 검토 ▶ 심의안건 배부 ▶ **사전검토의견** ▶ 심의도서 보완 ▶ 경관심의 개최 ▶ 심의결과 통보 ▶ 조치계획 제출

※ 사전검토의견 정리 시 주의사항: 위원별 중복되는 내용은 하나로 정리

2016년도

제 ○ 회 인천광역시 경관위원회
심의위원 사전검토서

인천광역시 경관위원회

> 위원성명은 공개하지 않음

> 위원별 검토의견

안건번호	1	○○ 주택재개발 정비사업 경관계획(사전검토 의견)
위원 1		○ 대상지 주변에 학교, 상가, 저층주거지 등 다양한 저층지역이 존재함. 이들과의 경계면에 어떤 경관요소(담장, 높이, 오픈 정도 등)를 적용할지 설명 필요
위원 2		○ 진입부 경관 - 접속되는 기존 도로에서 주출구와 부출구가 거리상 가까움. 차량과 보행자에 대한 경관처리계획을 제시할 것 ○ 사업지와 학교시설이 인접해 있으므로 고층부 야간조명은 최소화 할 것 ○ 지형을 고려한 건물배치 및 높이를 제시할 것 - 종단면도 3개소(도로에서 어3, 도로에서 고등학교, 도로에서 단독주택지) - 횡단면도 1개소(학익초-어3-인하부속-단독주택지)
위원 3		○ 단지의 주출입로가 진입로에서 바로 인지되지 않을 뿐만 아니라 단거리에서 과도한 회전이 발생되어 안전에 대한 우려가 있습니다.
위원 4		○ 계획내용에 비해 통합지침에 실질적으로 반영되는 내용이 빈약하므로 계획내용을 충실히 반영한 통합지침을 작성할 것. 현황분석에서 제시된 내용이 지침에 반영되도록 하고 수치가 필요한 내용은 수치로 제시하여 향후 건축계획에 반영되도록 할 것 ○ 경관기본방향이 적용된 내용을 제시할 것 ○ 단지외 외곽부에 인접한 지역의 특성에 맞게 경계부 처리방안을 제시할 것 ○ 가로변에 필로티의 노출은 보행자에게 편안하고 쾌적한 공간으로 제공될 수 있는 방안을 제시할 것
위원 5		○ 본 사업은 용적률 250%이하 수준으로 고층의 건축물 단지가 조성되므로 주변 경관에 미치는 영향이 상당할 것으로 예상됨 ○ 대상지 남측에 53층 규모의 학익엑슬루타워가 위치하고 있으므로 그 영향이 다소 완화될 가능성은 있으나, 여전히 문학산과 수봉산을 연결하는 조망축의 확보는 이 지역 경관에 매우 중요할 것으로 보임(p.12) - 본 대상지에서 이 조망축이 확보되지 않는 경우 향후 동아풍림아파트도 고층으로 건설되어 지역의 자연적인 스카이라인의 연결이 단절될 우려가 있는 것으로 보임 - 현재 대상지 내 조망축은 확보되어 있으나 방향이 북동-남서 방향으로 설정되어 있어 실질적인 문학산-수봉산의 조망확보는 이루어지고 있지 않음 - 따라서 대상지 중앙에 남북방향의 조망축을 확보하는 방안을 검토할 필요가 있음
위원 6		○ 건축물의 사선배치를 가로축 및 도시의 축을 고려하여 도시 컨텍스트와 조화로운 건물동이 되도록 유도바람. (건축물 사선배치 지양) ○ 인하사대부고, 학익초등학교의 일조등 자연환경을 고려하여 건축물의 높이산정 검토요망. (일조시뮬레이션을 검토바람) ○ 전면 도로 및 인천시 주요 조망 경관 지점에서의 경관시뮬레이션 검토 필요

경관위원회 운영

3. 경관위원회 심의절차

심의도서보완(인천광역시 사례)

- 사전검토의견에 대한 도서보완
- 보완 및 검토기간 : 심의 날 까지

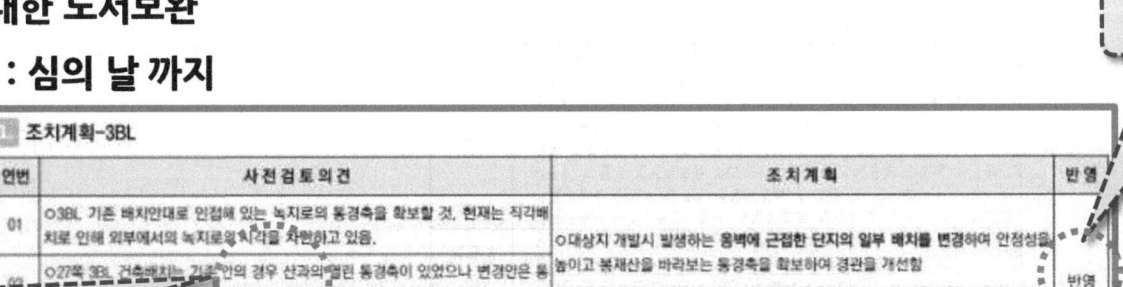

반영/미반영 표기

공통된 검토사항 또는 한번에 설명이 가능한 검토의견별로 정리

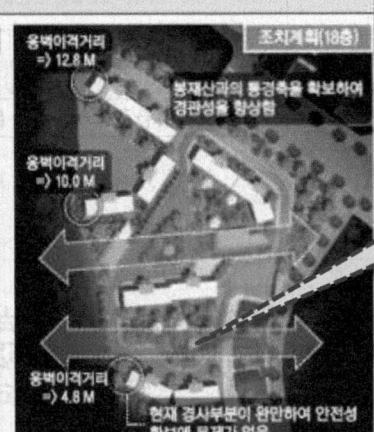

관련도면, 관련 삽도 표현

심의 날 심의도서에 별도로 포함하여 제본

경관위원회 운영

3. 경관위원회 심의절차

심의도서 검토 ▶ 심의안건 배부 ▶ 사전검토 의견 ▶ 심의도서 보완 ▶ **경관심의 개최** ▶ 심의결과 통보 ▶ 조치계획 제출

경관심의개최(인천광역시 사례)

- 사전검토의견을 중심으로 조치내용 검토 확인
- 전문위원은 안건별로 중점 논의 사항에 대한 가이드를 제시
- 위원장은 위원회 의견으로 제시할 사항을 정리

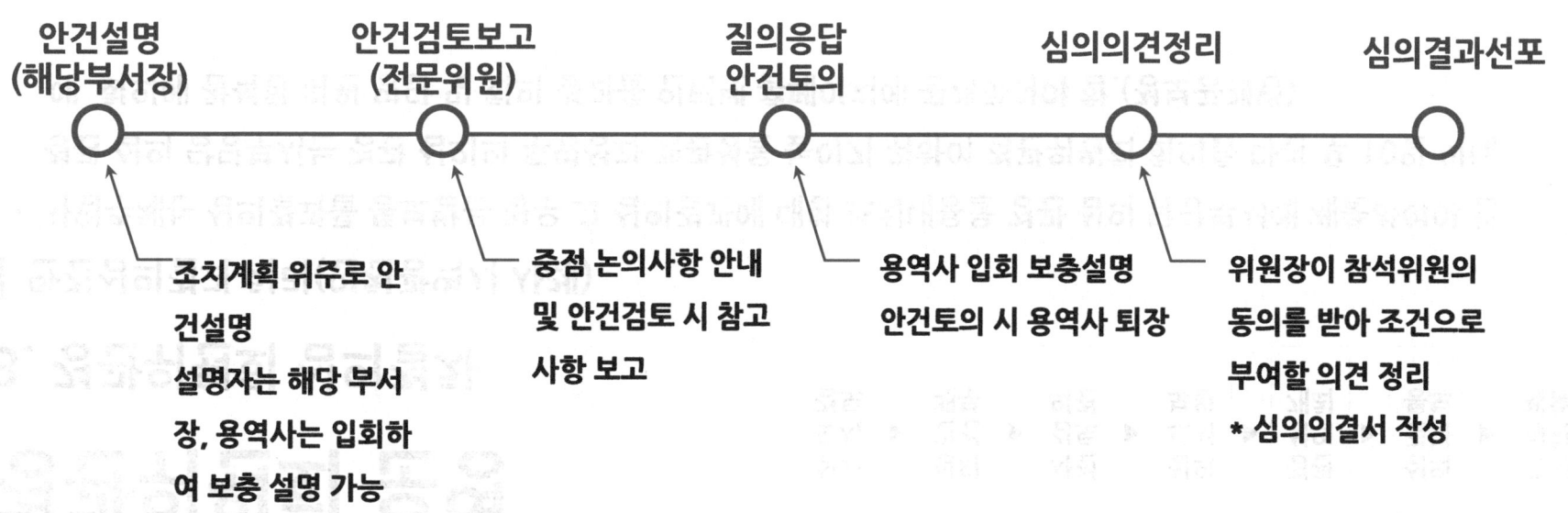

안건설명 (해당부서장)
조치계획 위주로 안건설명
설명자는 해당 부서장, 용역사는 입회하여 보충 설명 가능

안건검토보고 (전문위원)
중점 논의사항 안내 및 안건검토 시 참고사항 보고

질의응답 안건토의
용역사 입회 보충설명
안건토의 시 용역사 퇴장

심의의견정리
위원장이 참석위원의 동의를 받아 조건으로 부여할 의견 정리
* 심의의결서 작성

심의결과선포

경관위원회 운영

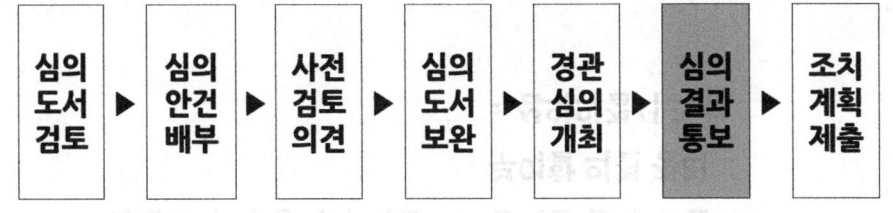

3. 경관위원회 심의절차

▌안건심의결과 처리(인천광역시 사례)

- 사업주체는 심의결과를 통보받은 경우 그 심의결과에 대한 조치내용을 경관 심의 담당부서에 제출하여야 함
- 경관 심의 담당부서는 경관 심의의 투명성과 객관성을 높이기 위하여 경관위원회 회의를 마친 후 10일 이내에 회의에 참석한 위원 명단 및 회의 결과를 인터넷 홈페이지에 공개하여야 함.(정보공개법)

※ 안건심의 결과 처리시 주의 사항:

- 심의 결과(원안통과, 조건부의결, 재검토의결, 반려)는 서기가 작성하여 위원장에게 전달할 것
- 조건부의결 내용은 명확히 정리하여 위원장에게 전달 할 것(위원장 안건 결과처리 후 각위원별 의견서는 참고하여 해당 부서에 통지할 것)

※ 재심의

- 심의 내용의 연속을 확보하고 심의로 인한 사업일정 지연을 최소화하기 위하여, 재심의 시 가급적 당초 심의 위원의 3분의 2이상을 포함하여 경관위원회를 구성함
- 재심의를 하는 경우에는 심의위원의 변경에도 불구하고 심의의견은 종전 심의 결과와 일관성을 유지하여야 한다.

경관위원회 운영

심의도서 검토 ▶ 심의안건 배부 ▶ 사전검토 의견 ▶ 심의도서 보완 ▶ 경관심의 개최 ▶ 심의결과 통보 ▶ **조치계획 제출**

3. 경관위원회 심의절차

조치계획제출(인천광역시 사례)

- 심의신청자는 조건부 의결사항에 대한 조치계획을 수립하여 제출 (심의신청자 → 경관심의 부서)
- 조치계획이 미흡할 경우 보완통보 / 반영이 부득이한 경우 심의위원이 조치내용 적합성 확인
- 사업 시행단계에서 해당사업 협의 시 경관 관련 이행여부 및 검토 근거로 활용
- 조치계획은 다른 위원회 안건상정 시 포함되도록 조치(위원회간 연계)

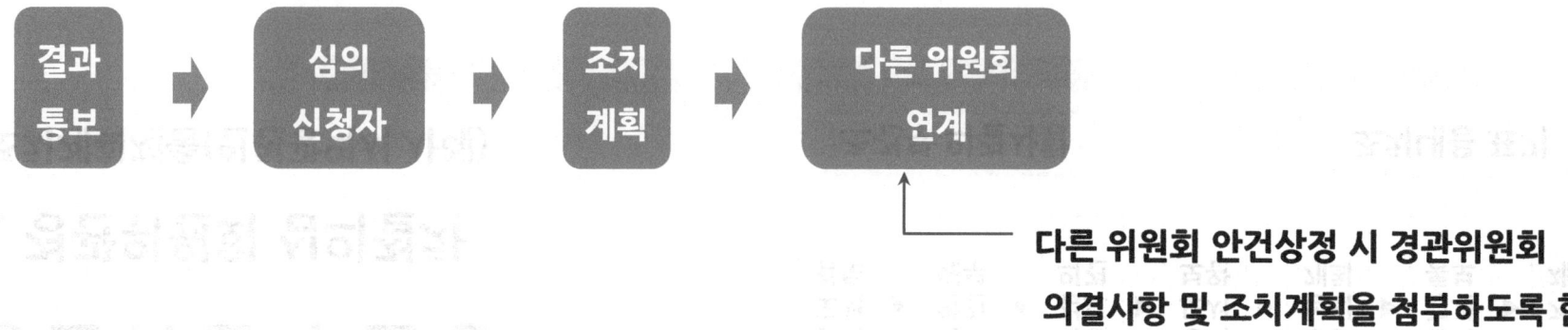

결과통보 ▶ 심의신청자 ▶ 조치계획 ▶ 다른 위원회 연계 ← 다른 위원회 안건상정 시 경관위원회 의결사항 및 조치계획을 첨부하도록 함

경관위원회 운영

3. 경관위원회 심의절차

심의도서 검토 ▶ 심의안건 배부 ▶ 사전검토 의견 ▶ 심의도서 보완 ▶ 경관심의 개최 ▶ 심의결과 통보 ▶ **조치계획 제출**

조치계획제출(인천광역시 사례)

― 조건부 의결사항
― 조치내용 표기

구분	심의의결내용	조치계획	페이지	조치여부
건축계획	1. 자연지형과 어울리는 부지조성을 검토하고 김경인 위원에게 자문을 받기 바람.	1. 사업부지의 건축물 배치는 계곡지형의 경사 및 표고를 분석한 후 지형훼손이 가장적은 완만한 지형부분에 건축물을 배치한 계획임. 남측 만월당과 독립성이 확보된 봉안당 조성을 위해 대상지 전면에 지형에 순응하는 완충녹지를 조성 주변동선연계 및 공간의 아늑함이 조성하도록 식재계획 및 우측부분의 지형계획을 조정 반영함.	02~06	반영
태양광 패널계획	2. 패널은 건축물 외벽재질과 색상이 어울리도록 조정	2. 현재 생산중인 패널의 종류에서 건축물 외장재와 유사 컬러의 패널을 적용하는것은 변경이 힘듬. 대안으로 태양열 집열판의 외부 노출이 되지 않도록 판넬의 설치 경사도 및 높이를 변경하며 건축물 옥상 바닥 형태와 일치되게 배치함.	07~09	반영
진·출입구 주변 보완	3. 진·출입구 주변 동선 조정 및 식재보완	3. 진·출입구 주변 동선을 지형의 순응하는 형식으로 변경하여 접근성을 향상함 또한 그늘식재 와 함께 휴게공간 조성으로 이용객의 편의를 고려한 조경계획으로 보완함.	10~11	반영

― 각 내용별 구체적 조치내용을 알 수 있도록 관련도면 첨부

경관위원회 운영사례

4. 경관위원회 심의사례

경관계획사례(경제자유구역청 경관계획)

경관위원회 운영사례

4. 경관위원회 심의사례

경관사업사례(소래철교)

- 소래철교(근대문화유산)의 역사적 가치를 훼손하는 디자인으로 전면재고(불필요하고 장식적인 요소 배제)
- 소래철교의 원형을 최대한 복원 및 역사적 가치를 제고하고 주요기능인 보행기능을 강화할 수 있도록 디자인

심의전   심의후

경관위원회 운영사례

4. 경관위원회 심의사례

▌경관협정사례(백령도 심청각 가는 길 경관협정사업)

- 민,관,군이 함께 개선시 주의사항
- 초, 중, 고 미술작품 전시 및 벽화작업의 타당성과 군부대 협조사항
- 주민참여에 의한 꽃밭가꾸기, 환경정비에 대한 방법 및 사후관리 문제 등
- 행정지원에 의한 담장정비, 도로확폭 등에 대한 민간 이해관계 등

경관위원회 운영사례

4. 경관위원회 심의사례

사회기반시설 사례(보도교)

심의전

심의후

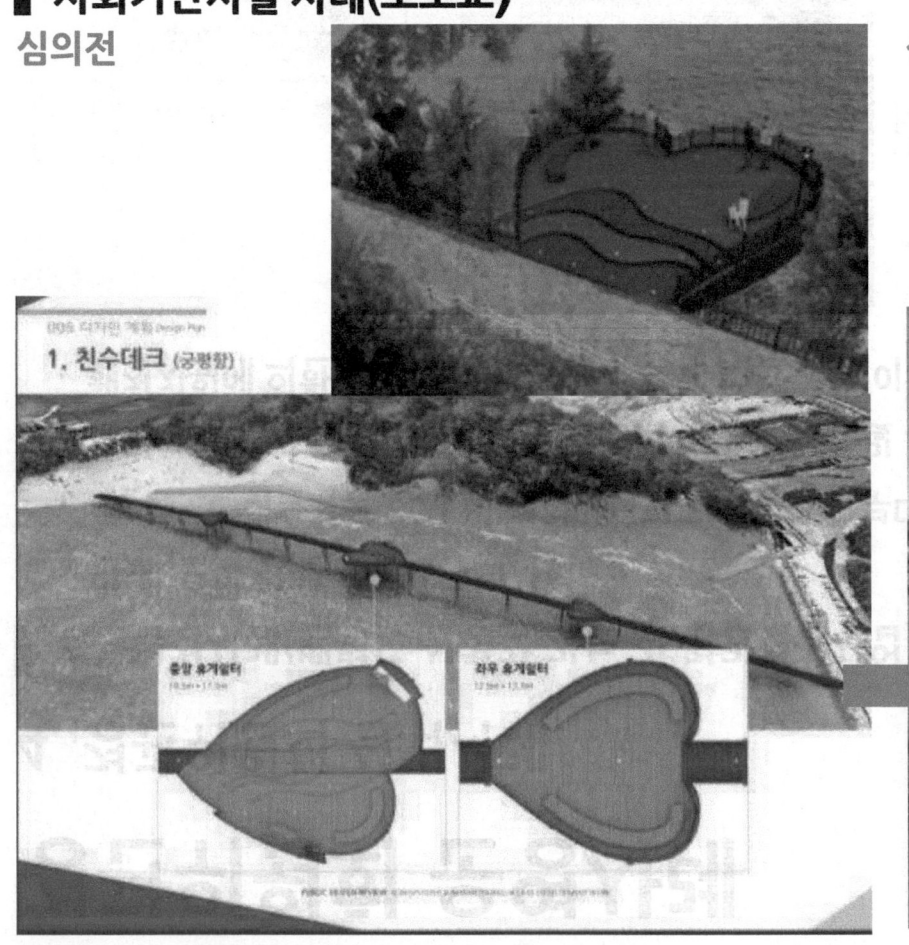

경관위원회 운영사례

4. 경관위원회 심의사례

개발사업사례(재정비)

- 대상지 남측으로 문학산이 입지하고 있고, 기존 도시조직과 연계하여 남북방향으로 통경축을 2개소이상 설치
- 주차장 등 기반시설 위치를 분산 배치하여 효율성을 제고

경관위원회 운영사례

4. 경관위원회 심의사례

개발사업 사례(호텔)

- 색채계획을 간결하게 하고 강조색의 채도를 낮춰 주변건물과 조화롭게 함
- 수직적 분절을 통한 입면디자인 제고, 공개공지는 공공성을 확보할 수 있도록 재검토

경관위원회 운영사례

4. 경관위원회 심의사례

건축물 사례(공동주택)

조치사항	· 통경축, 스카이라인 확보를 위해 경관상세계획에서 제시하는 탑상형으로 보완할 것
조치계획	· 판상형인 오피스동 및 일부 주동의 형태를 탑상형으로 변경하여 통경축 확보, 송도국제대로변 건축물 층수계획으로 상승하는 스카이라인계획

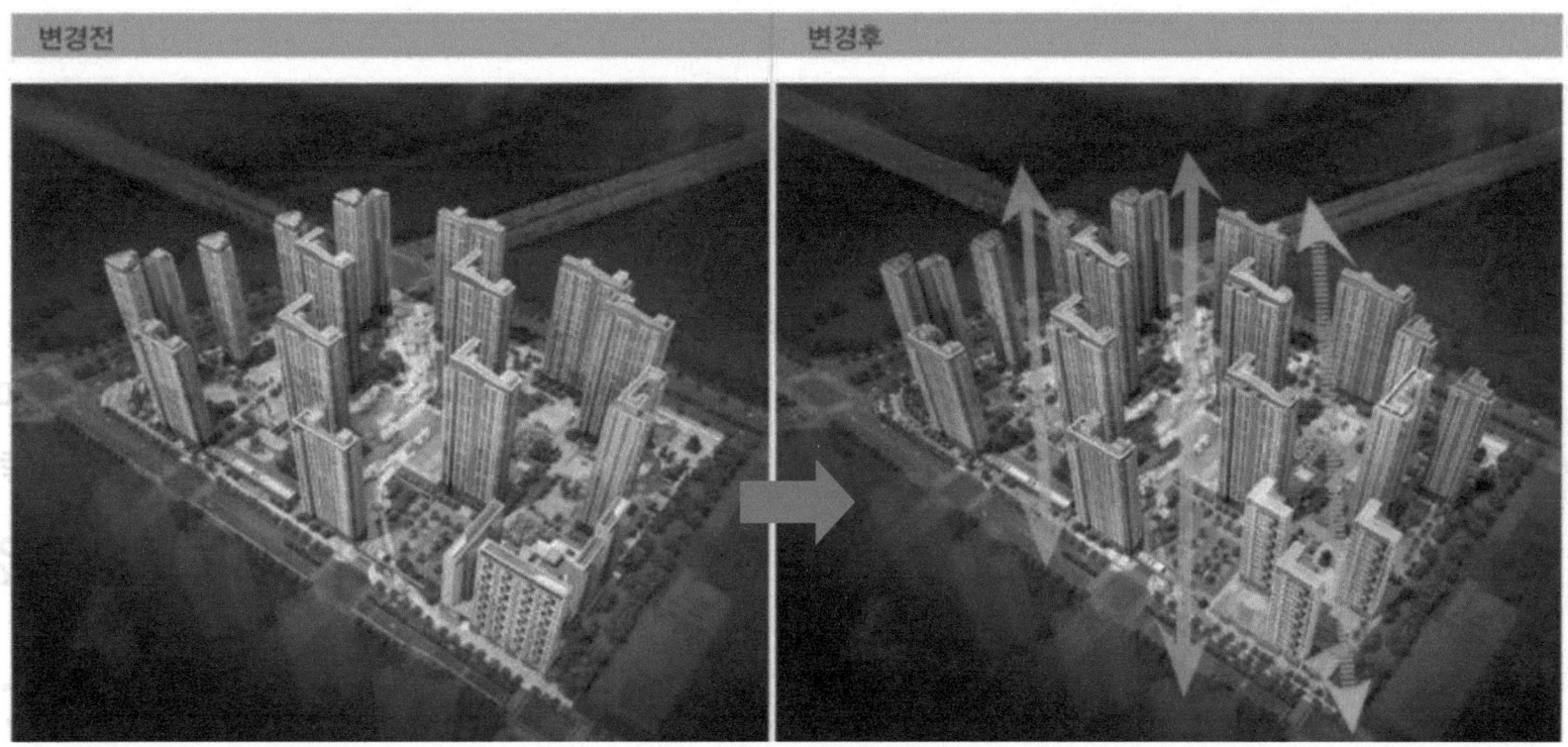

변경전 → 변경후

경관위원회 운영사례

4. 경관위원회 심의사례

건축물 사례(민간호텔)

- 아라뱃길 진입부에 위치하는 호텔 건축물이나 박스형태의 오피스 건축물 이미지로 장소성을 고려해서 보다 상징성을 강화하고 필요시는 조형적인 건축설계도 가능하므로 사업성을 감안 적극적인 디자인을 권장

심의전

심의후(2차)

경관위원회 운영사례

4. 경관위원회 심의사례

건축물 사례(일반건축물)

사전검토의견
- 입면 디자인 재검토 바람
- 기존에 심의 받은 사항 참고하시기 바랍니다.
- 수변공간변의 다양한 외관구성요소를 지향하여 입면 조형성에 대하여 재검토
- 입면부의 특화계획이 주변과 조화롭도록 재검토를 요합니다.

조치결과 : 반영
- 주운수로변 경관을 고려한 입면 입면디자인.
- 주운수로의 흐름을 거스르지 않는 수평적 요소와 과도하지 않은 수직매스의 재구성으로 디자인
- 주변 건축물과의 이질감이 생기지 않도록 외관구성요소를 최소화하여 디자인.

경관위원회 운영사례

4. 경관위원회 심의사례

건축물 사례(일반건축물)

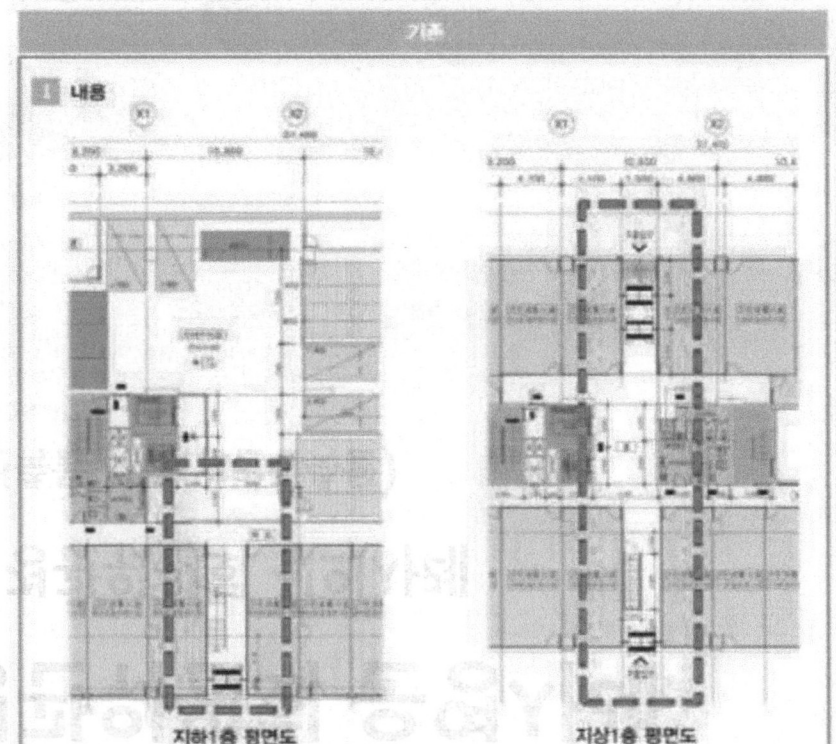
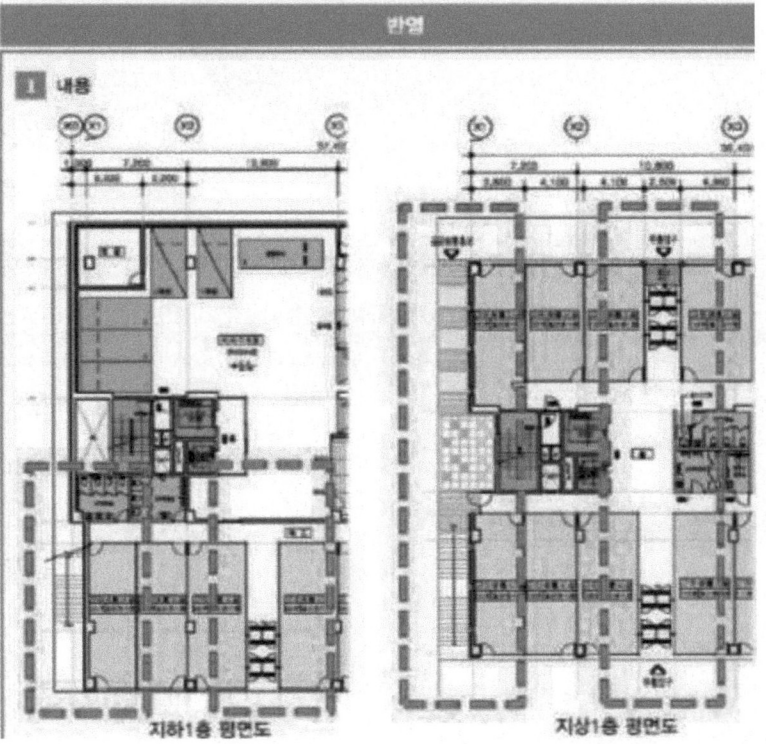

경관위원회 운영사례

4. 경관위원회 심의사례

건축물 사례(공공건축물)

경관행정

1. 경관행정 조직 및 업무

▎행정조직은 최소 "도시경관(디자인) 추진단 (시장, 부시장 직속)" 또는
"도시경관(디자인) 과(기획부서)" 소속으로 구성
- (도시계획, 건축, 조경, 문화, 역사 등 다양한 업무관련성을 가진 업무 특성상 시장, 부시장 직속타당)

▎경관행정 팀(과)조직 및 주요업무

1. 경관행정팀
: 경관행정 업무추진(전문직과장, 행정직팀장외3명)
- 경관조직 인원, 전문직 관리(행정직1명)
- 경관예산 관리(행정직1명)
- 의회 등 대내외업무 대응 및 관리(행정직1명)

2. 경관디자인팀(경관법)
: 경관디자인 업무추진(전문직팀장외 6명)
- 경관위원회 구성 및 운영(전문직1명)
- 경관(기본)계획,경관상세계획수립,경관협정운영(전문직2명)
- 경관디자인 사업 기획 및 추진, 사업후 관리 (시설직 2명)
- 경관디자인관련 업무협의(중앙부처,관련부서등)(전문직1명)

3. 공공디자인팀(공공디자인진흥법)
: 공공디자인 업무추진(전문직팀장외 6명)
- 공공디자인 기본계획 수립(전문직1명)
- CPTED계획,공공시설물디자인계획등수립및관리(전문직2명)
- 공공시설물 표준디자인 개발 및 관리(전문직1명)
- 기타 공공성이 필요한 계획 및 사업(시설직 2명)

4. 옥외광고물관리팀(옥외광고물법)
: 광고물관련 업무추진(시설직팀장외 6명)
- 광고물법 운영(행정직1명)
- 광고물 관련 협회 관리 및 지도(행정직1명)
- 옥외광고물 군구 합동 단속 및 지도(시설직1명)
- 옥외광고물관련 대내외 업무협의(시설직1명)
- 옥외광고물 관련 사업 추진 및 관리(시설직1명)

경관행정

2. 경관조례의 작성(국토교통부 가이드라인)

※ 출처: 국토부(2016) 경관심의제도 개선방안 및 경관위원회 운영 가이드라인

총칙	목적, 용어의 정의, 경관관리의 기본방향, 시장/시민의 책무, 다른조례와의 관계, 적용범위
경관계획	계획수립, 수립절차, 계획내용, 공청회
경관사업	사업대상, 사업계획서, 심의시 고려사항, 평가 및 인센티브, 재정지원 및 감독 협의체의 구성 및 운영, 협의체의 기능
경관협정	체결자의 범위, 협정내용, 협정서 작성, 협정운영위원회 설립 협정에 관한 조정 및 기술적/재정적 지원, 지원대상 사업계획서, 평가
경관심의대상	사회기반시설사업 건축물 등
경관위원회	위원회 설치, 구성 및 운영, 회의록 작성, 위원의 제척/기피/회피, 전문위원 심의 및 자문대상, 관련위원회, 소위원회
공동위원회	
기타	인력양성 및 지원, 심의결과통보, 집계, 세칙 및 경과조치

경관행정

2. 경관조례의 작성(달성군 사례)

경관조례의 기본방향

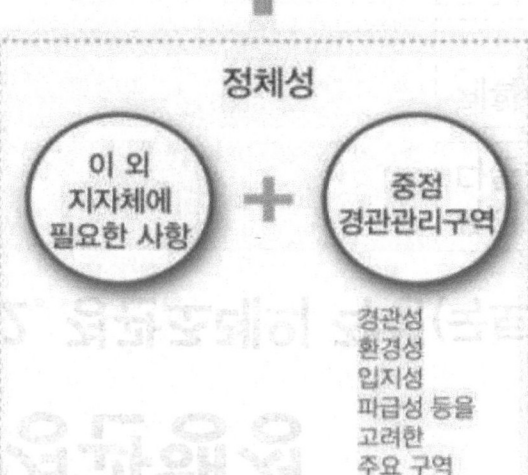

경관조례의 주요내용

제1장 총칙
- 목적
- 정의
- 경관관리의 기본방향
- 경관계획수립권자·사업자·시민의 책무
- 다른 조례와의 관계

제2장 경관계획
- 경관계획 수립 제안서의 처리절차
- 경관계획 내용
- 경관계획의 수립을 위한 공청회

제3장 경관사업
- 경관사업의 대상 등
- 경관사업 등의 지원
- 경관사업계획서
- 경관사업 심의 시 고려사항
- 경관사업추진협의체의 구성 및 운영
- 경관사업에 대한 재정지원
- 경관사업 총괄계획가
- 경관사업에 대한 평가

제4장 경관협정
- 경관협정 체결자의 범위
- 경관협정의 내용
- 경관협정서의 작성
- 경관협정운영회의 설립신고
- 경관협정의 승계자
- 경관협정에 관한 조정
- 경관협정에 관한 재정지원
- 경관협정 지원대상 사업계획서
- 경관협정에 관한 평가

제5장 경관심의
- 사회기반시설사업의 경관심의대상
- 건축물의 경관심의대상
  - 별표-도시시설물
  - 별표-중점경관관리구역
  - 별표-공공건축물
  - 별표-일반건축물

제6장 경관위원회
- 경관위원회
- 경관위원회의 심의대상
- 경관위원회의 자문대상
- 경관위원회의 심의시기
- 경관위원회의 구성 등
- 경관위원회의 운영 등
- 소위원회 구성 및 운영 등
- 공동위원회의 구성 및 운영 등
- 위원회 위원의 제척·기피·회피
- 위원의 해촉
- 수당 등
- 운영세칙
- 양식
  - 경관위원회(심의·자문) 신청서
  - 경관위원회 심의(자문) 제출도서
  - 건축물 경관체크리스트
  - 공공공간 경관체크리스트
  - 공공시설물 경관체크리스트
  - 옥외광고물 경관체크리스트
  - 색채 경관체크리스트
  - 야간조명 경관체크리스트
  - 범죄예방 체크리스트

제7장 도시미관의 개선
- 야간경관조명의 권장
- 야간경관조명의 설치
- 도시경관의 기록
- 경관디자인상

9

경관관련 기타사항

집필자 : 김경인

경관법 시행령 개정사항

1. 제18조 (사회기반시설사업의 경관심의 대상 등)

변경	1. 「국가재정법」 제50조에 따른 총사업비(이하 이 조에서 "총사업비"라 한다)
신설	3. 지방자치단체의 조례로 제1호 및 제2호에 따른 총사업비 규모 미만으로 규모 기준을 달리 정하는 도로·철도시설·도시철도시설·하천시설 사업

2. 제19조 (개발사업의 경관심의 대상 등)

신설	② 제1항에 따른 개발사업에 대한 지구의 지정이나 사업계획 승인사항의 내용을 변경하는 경우에 그 내용이 다음 각 호의 어느 하나에 해당하는 경우에는 변경 승인 등을 받기 전에 경관위원회의 심의를 거쳐야 한다. 1. 각종 구역·지구 등의 지정면적 또는 승인 등을 받은 사업계획의 토지이용계획 면적이 100분의 30 이상 증감하는 경우. 다만, 사업준공 인가 이후의 변경, 사업취소에 따른 구역·지구 등의 지정해제 또는 존치를 위한 변경의 경우에는 증감면적에서 제외한다. 2. 승인 등을 받은 사업계획의 토지이용계획에서 「국토의 계획 및 이용에 관한 법률」 제2조제6호나목의 광장·공원·녹지 등 공간시설의 면적이 100분의 10 이상 감소하는 경우 3. 승인 등을 받은 사업계획의 건축물 최고높이가 상향되거나 용적률이 증가하는 경우

경관법 시행령 개정사항

2. 제19조 (개발사업의 경관심의 대상 등)

신설	③ 하나의 개발사업을 두 개 이상의 구역·지구 등으로 분할하여 시행하는 경우에는 제2항에 따른 면적을 산정할 때에 분할된 구역·지구 등을 기준으로 산정하며, 분할된 구역·지구 등에 대해서만 경관심의를 받을 수 있다.
신설	④ 건축물의 배치·높이·용적률 등 건축계획을 포함한 사업계획의 승인 등을 받아「건축법」제11조에 따른 건축허가 또는「주택법」제15조에 따른 사업계획의 승인 등을 의제받은 경우에는 해당 건축물에 대해 법 제28조를 적용하지 아니한다.

3. 제21조 (건축물의 경관 심의)

변경	① --. 다만, 국토교통부장관이 고시하는 절차에 따라 사전 검토를 거친 경우에는 경관위원회의 심의를 거친 것으로 본다.

경관법 시행령 개정사항

4. 제22조 (경관과 관련된 위원회)

신설	1. ---------------------. 아. 「새만금사업 추진 및 지원에 관한 특별법」 제33조에 따라 국무총리 소속으로 두는 새만금위원회

5. 제23조 (공동위원회의 구성 및 운영)

단서 신설	① ------------. 다만, 심의대상 건축물이 「건축법」 제4조제1항에 따라 시·도지사가 두는 지방건축위원회의 심의를 받아야 하는 경우에는 시·도에 두는 경관위원회와 공동위원회를 구성한다.
단서 신설	② ------------. 다만, 공동위원회를 구성하는 위원회가 3개 이상인 경우에는 경관위원회의 위원을 5인 이상 포함하면 공동위원회가 구성된 것으로 본다.
변경	③ 공동위원회의 위원장은 공동위원회를 구성하는 위원회의 위원장 중에서 호선(互選)한다.
신설	⑤ 제4항에 따라 공동위원회가 의결한 경우에는 공동으로 구성된 해당 위원회의 심의에 대해서도 의결된 것으로 본다.

경관법 시행령 개정사항

7. 경관 심의 대상 개발사업의 종류 및 심의 시기(제19조제1항 및 제5항 관련)

구분	경관심의 대상 개발사업	심의 시기
1. 도시의 개발	나. 「공공주택 특별법」 제2조제3호가목에 따른 공공주택지구조성사업	「공공주택 특별법」 제17조에 따른 공공주택지구계획의 승인 전
	라. 「도시 및 주거환경정비법」 제2조제2호에 따른 정비사업(주거환경개선사업 및 주거환경관리사업은 제외한다)	「도시 및 주거환경정비법」 제4조에 따른 정비계획의 수립 및 정비구역의 지정 전
	자. 「택지개발촉진법」 제2조제4호에 따른 택지개발사업	「택지개발촉진법」 제3조 및 제8조에 따른 택지개발지구의 지정 및 택지개발계획의 수립 전

# 경관법 시행령 개정사항

7. 경관 심의 대상 개발사업의 종류 및 심의 시기(제19조제1항 및 제5항 관련)

구분	경관심의 대상 개발사업	심의 시기
3. 특정 지역의 개발	바.「지역 개발 및 지원에 관한 법률」 제2조제3호에 따른 **지역개발사업**	「지역 개발 및 지원에 관한 법률」 제11조에 따른 지역개발사업구역의 지정 전 또는 제45조에 따른 투자선도지구의 지정 전
	사.「친수구역 활용에 관한 특별법」 제2조제3호에 따른 친수구역조성사업	「친수구역 활용에 관한 특별법」 제4조제1항에 따른 친수구역의 지정 전. 다만,「친수구역 활용에 관한 특별법」 제4조제2항 단서에 따라 친수구역을 지정한 후에 사업계획을 수립하는 경우에는 사업계획의 수립 전을 말한다.
	아.「새만금사업 추진 및 지원에 관한 특별법」 제2조제2호에 따른 새만금사업	「새만금사업 추진 및 지원에 관한 특별법」 제9조에 따른 용도별 개발기본계획의 승인 전

경관행정 교육실시

1. 경관행정 교육시기

경관행정 순회교육	'16.11월 권역별 실시(세종, 서울, 광주, 대구)
경관행정 기초과정	매년 2회(국토교통인재개발원), 교육대체(경관학회)
경관행정 심화과정	매년 2회(한국경관학회)
경관행정 방문교육	지자체 요청 시 수시실시
경관행정 동영상 배포	'17.1월 배포(3'30"), 매 심의 시 상영
경관행정 리플렛 배포	'17.1월 배포, 심의위원에게 배포

경관행정 교육실시

2. 경관행정 교육과정

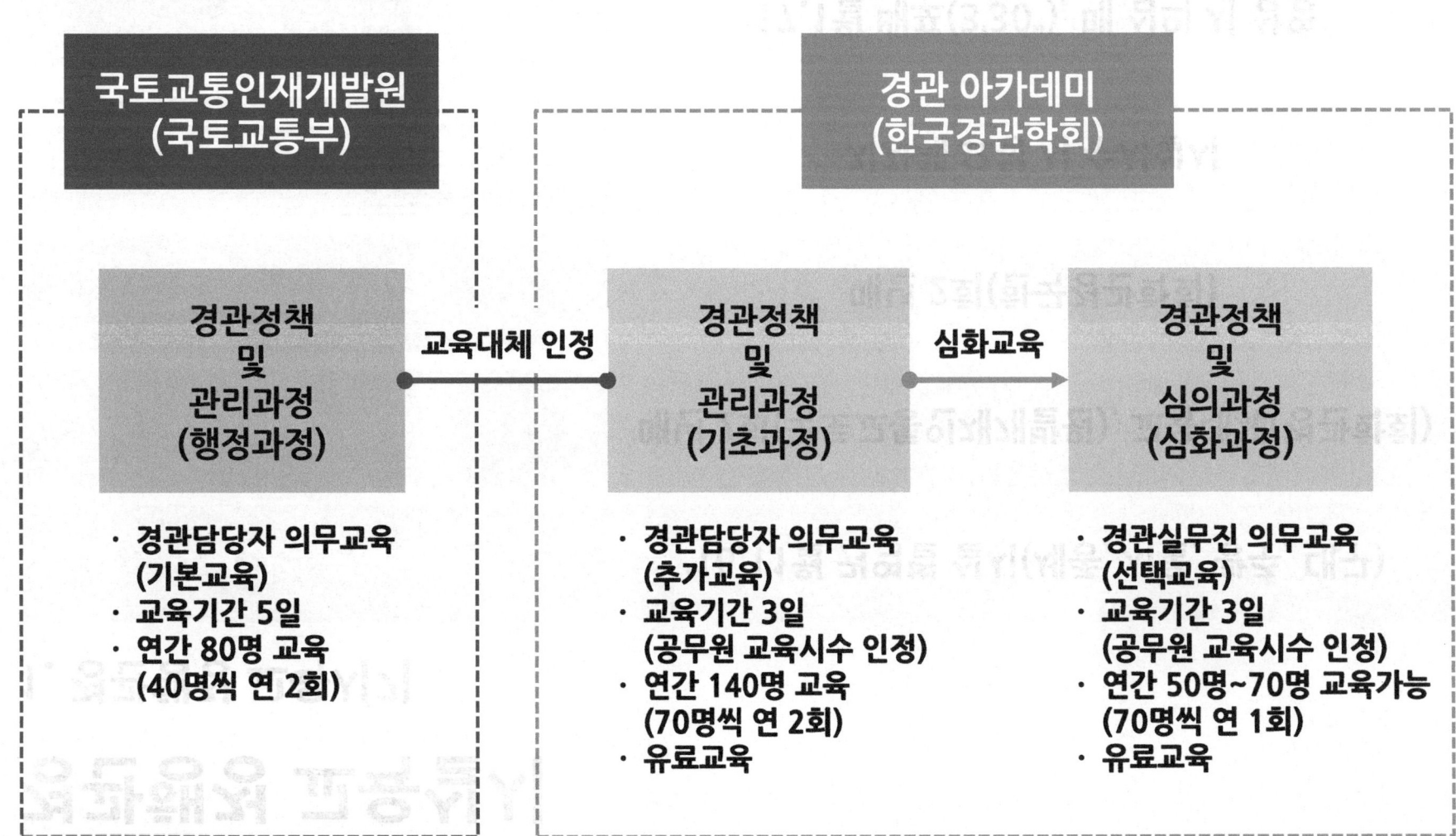

경관행정 교육실시

3. 경관행정 교육내용

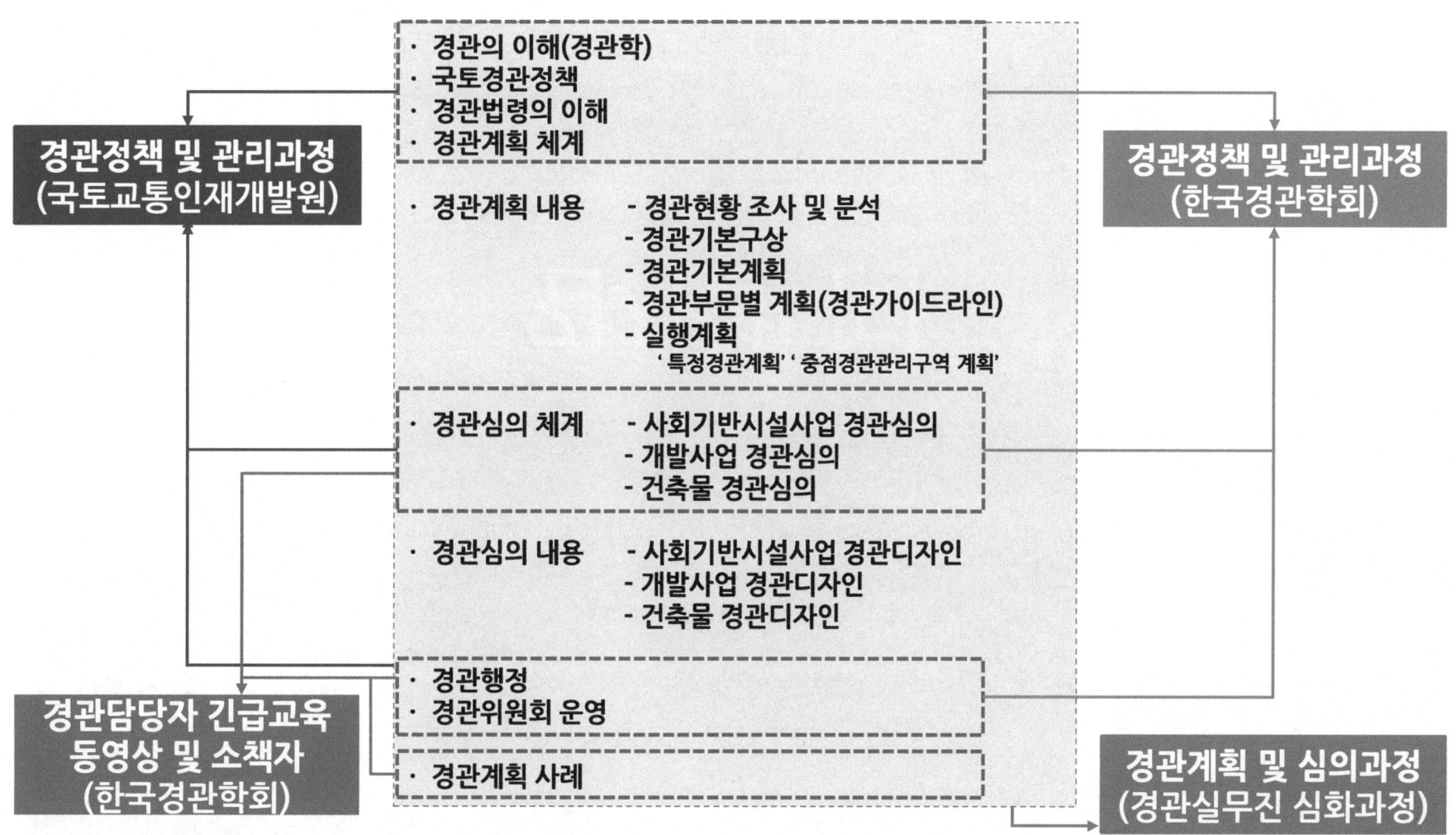

감사합니다

감염병환자를 위한
영양관리 및 관리지침 교육자료

초판 인쇄 2017년 06월 01일
초판 발행 2017년 06월 05일

저 자 조두축남, (사)한국조정학회
발행인 김진동
발행처 진한엠앤비
주소 서울시 서대문구 충정로 66 205호
(냉천동 260, 동아생명동아파트5층7호)
전화 02) 364 - 8491(대) / 팩스 02) 319 - 3537
홈페이지 http://www.jinhanbook.co.kr
등록번호 제25100-2016-000019호 (등록일자 : 1993년 05월 25일)

©2017 Jinhan M&B INC. Printed in Korea

ISBN 979-11-290-0080-4 (93610)   [정가 25,000원]

⊙ 이 책에 담긴 내용의 모든 저작 및 복제 행위는 금합니다.
⊙ 잘못 만들어진 책자는 구입처에서 교환해드립니다.
⊙ 본 도서는 [공공데이터 제공 및 이용 활성화에 관한 법률]등 근거
통합되었습니다.